Marine Science and Culture of Sanriku

さんりく海の勉強室

編者　青山潤・玄田有史

岩手日報社

はじめに――三陸は「希望の海」

私にはふるさとと呼べる場所がありません。子ども時代に引っ越しを繰り返した首都圏にはたくさんの思い出の場所があります。しかし、胸を張って「ここがふるさとだ」と言える町がないのです。おそらく、切れ目なく時間を共有した友人や成長を見届けてくれた人、そして何より変わることなくそこにあり続けた風景のないことが理由だと思います。

　そんな私にとって、本書の舞台である三陸はとても魅力的です。目の前に広がる豊かな海には、進化という時間に磨かれた三陸独自の生き物の暮らしがあります。彼らの中には、食料として、伝説や信仰の対象として、地域の文化と深く結びついてきたものがいます。また、北上山地を背負い、京都や江戸どころか内陸とすら行き来の困難だった沿岸部の発展の歴史を考えれば、三陸の海が地域社会に何か格別な力やインスピレーションを与えたとみるのも間違いではないような気がします。連綿と続く人、海、そして両者の深淵なつながりを実感できる三陸は、私の中にある「ふるさとのイメージ」の具体といえます。

　2011年。そんな「ふるさと」は大きく変貌（へんぼう）しました。過去には幾度も繰り返されてきたことですが、あの時、三陸沿岸と共に全世界が受けた衝撃は計り知れません。東京大学・大気海洋研究所は、大槌町に40年以上の歴史を持つ付属国際沿岸海洋研究センターを中心として、すぐに基幹産業である漁業復興を目的とした「東北マリンサイエンス拠点形成事業」に着手しました。この研究の現場で私たちが感じたことは、三陸に

おける海の地位の低下でした。三陸の基盤であるはずの「海」と「社会（特に次世代を担う若い人たち）」の間に、目に見えない溝が生じているように思えたのです。震災時に子どもたちが経験した津波被害を考えれば、無理もないことかもしれません。少しでも地域の子どもたちと海の距離を縮めたい。そんな思いから、日々の調査で得られるちょっとした成果を、「さんりく　海の勉強室」というタイトルで岩手日報の子ども新聞に連載するようになったのです。

一方、東京大学・社会科学研究所は2005年から釜石市を拠点に「希望学」の研究を続けてきました。希望とは何か、どうしたら希望を生み出すことができるのか。経済学、歴史学、政治学、法学など、社会科学と呼ばれる学問分野に属するさまざまな研究者が、つかみどころのない大きな課題に挑んだのです。国際的にも高い評価を得たこの研究は、地域に希望を生み出すために不可欠な要素として「ローカルアイデンティティの再構築」を掲げています。三陸ではすなわち、海に輝きを取り戻すことだと思い当たりました。こうして、海洋科学と社会科学を中心に、地域ごとの海の特性、海と人、海と社会の関わりを明らかにする研究が始まりました。さらに、この調査の過程を子どもたちと共有することにより、ローカルアイデンティティの再構築を通じて地域に希望を育む「海と希望の学校 in 三陸」が開校したのです。

本書には三陸の海や沿岸社会に関わるさまざまなトピックが収められています。地元の人でも知らなかったり、気が付かなかったりする面白い話もあるはずです。

「海と希望の学校 in 三陸」にかける、われわれの想いを頭の片隅に置きながら、三陸の海を楽しんで頂ければと思います。

（青山潤）

大槌湾のシンボルである蓬莱島（ほうらいじま）からの眺め。三陸の海は私たちが想像する以上に豊かで、「希望」に満ちあふれています

目次

海と生活編

さんりくの未来編

本書は、岩手日報社発行の子ども新聞「日報ジュニアウイークリー」に連載した「さんりく　海の勉強室」（２０１６年10月～２０２０年12月、全51回）の一部に加筆修正し、新たに書き下ろした項目で構成しています。

震災後の海　変わったこと、変わらないこと

海と共に生きる。それは、海からの恩恵ばかりでなく、海のもたらすさまざまな災害や環境の変化も甘んじて受け入れるということかもしれません。

２０１１年３月11日の巨大地震とそれに伴う大津波は、三陸の沿岸環境に大きな影響を及ぼしました。震源に近かった三陸南部ほど大きな津波に襲われましたが、沿岸の環境や生態系への影響は、海岸の向きや海底の傾斜、湾の形などによって大きく異なりました。たとえば、入り口の狭い湾内より外海に面した海岸で影響は大きく、さらに同じ湾内であっても、湾の出口より奥の方が大きな影響を受けました。

砂浜に藻場をつくるアマモなどの海草（ウミクサ）は、津波によって砂とともに流されました。震災後、海草の藻場が減少したことにより、ここを生活の場として利用する魚たちにはしばらく影響が残りました。一方、磯で藻場をつくるワカメやマコンブ、アカモクなどの海藻（カイソウ）は、あの大津波でもあまり流されませんでした。大槌湾の出口付近の磯では、エゾアワビの成貝はあまり流されなかったのですが、キタムラサキウニは大きなものでも多くが流されたことがわかりました。岩にくっつく力の強さだけでなく、エゾアワビの成貝がマコンブなどの海藻が生えている場所に生息するのに対し、キタムラサキウニは海藻の生えていない場所に多く分布することも原因の一つでしょう。津波で流されなかった海藻がアワビを守ったのです。こうした直接的な撹乱（かくらん）以外にも、地盤沈下による水深の変化や、別の場所から運ばれてきた砂や泥の堆積（たいせき）など、三陸沿岸

震災から５年がたった大槌湾の海中。海藻のモク類が茂り、アワビやウニもいる＝2016年２月、福田介人撮影

では地震と津波によるさまざまな影響が確認されています。

海と陸の境界に目を向けると、被害を受けた港湾施設や防潮堤の再建が進んでいます。それは三陸沿岸の人たちの暮らしや産業の復興にとって非常に重要なことです。ただ、こうした人間の営みが、地震と津波の影響から回復しつつある海の生態系に新たな変化をもたらしていることも事実です。特に、地盤沈下のため海岸線が大きく陸側にずれた地域で、震災前と同じ場所に巨大な防潮堤を再建した場合、かつては防潮堤の外側にあった砂浜や干潟、浅瀬の面積が小さくなってしまいます。多くの海の生物にとって大切な成育場となっている干潟（ひがた）や浅瀬の減少は、これから三陸の海の生物や生態系に地震や津波以上に大きな影響を与えるかもしれません。

震災から10年がたち、海の中には一見すると何事もなかったように震災前と同じ光景が広がっています。事実、元の状態に戻った場所もありますが、なかには大きく変わってしまった、もしくは今なお変化し続けている環境や生態系が存在します。

三陸の海の幸をこれからもずっと上手に利用していくためには、湾や浜ごとに、その時々の海の生態系やそこにすむ生物たちの状態を正確に把握することが重要です。変わったこと、変わらないことをしっかりと理解し、これからの海との付き合い方を考える必要があると思います。

（河村知彦）

小ネタ理論　地域の「宝」は足元にある

希望には、光のイメージがあります。それは、列車が暗いトンネルに入ったレールの先に広がる光景のようです。ただ希望の行く先が光なら、足もとは闇なのかもしれません。

私たちは東京大学の社会科学研究所というところで「希望学」という研究をしています。そこでわかったのが、希望をもって何かに取り組んでいる人は、きまって挫折や試練を経験していたことでした。希望とは、未来の目標やゴールではなく、むしろ挫折や試練という困難の闇を抜け、光に向かって進んでいくことそのものなのです。

そして三陸は、豊かな自然と文化のなかで、津波、戦争、不況など、困難な経験を地域の誇りに変えようとする、希望の歴史の宝庫なのです。

希望が生まれるとき、そこには紆余曲折の物語があります。全国でも人気の宮古市重茂の「早採りワカメ」は元々、成長を邪魔するものとして、冬場には間引かれるだけの存在でした。それを震災後、生でおいしい色鮮やかな素材に『春いちばん』という物語を込めて出荷したところ、多くによろこばれ、希望の光が灯ったのです。

早採りワカメのような、地域の希望の

物語は、ふるさとの未来を変える可能性を持つ「大ネタ」です。手品や料理、さらには漫才やコントなどの元になるネタは、新しい変化を生み出すきっかけや材料、つまりは「種」です。希望が生まれる地域には、必ず種をまく人がいます。

日本中の魅力的な地域に共通するのは、大ネタと同時に、そのまわりに特徴的な「小ネタ」がたくさんあることです。地域の将来に直接かかわる大ネタに比べて、小ネタは、日常の生活に密着した、何気ないけれど味わいのある、小さな話題です。

大ネタの早採りワカメの背後にも、早く収穫すれば高齢の漁業者の負担が少ないという、見事な発想の転換を含む小ネタがありました。競争の激しい漁業の世界にありながら、地域固有の「分かち合い精神」によって、収穫量よりも平等を優先して取り組んだ小ネタも感動的です。地域の大ネタは、物語を支える小ネタと交じり合うことで、さらに輝きを増すのです。

今、人口減少による地方の衰退が、心配されています。しかし人が減っても、地区や町は簡単にはなくなりません。むしろ、日々の小ネタを住民同士が大切にし続けている地域は、いつまでも元気です。

「さんりく　海の勉強室」を読んだみなさんは、三陸の海には魅力的な大ネタと小ネタの両方がふんだんにあることを気づくでしょう。興味をもった海の物語を羅針盤にして、みなさんの地域にある、素敵な小ネタを探してほしいと思います。みなさんが見つけた小ネタから、三陸、そして世界の海の未来を照らす、希望の大ネタが生まれるのを、楽しみにしています。

（玄田有史）

大船渡市立末崎中学校の生徒によるワカメの収穫体験。宮古市重茂で始まった早採りワカメは、大船渡湾など各地に広がっている＝2020年1月

東京大学大気海洋研究所・国際沿岸海洋研究センター

国際沿岸海洋研究センター（沿岸センター）は、大気と海洋に関する基礎研究を行う東京大学大気海洋研究所（千葉・柏キャンパス）の附属施設です。沿岸センターの前身である「大槌臨海研究センター」は、1973 年に大槌町赤浜地区に設置されました。以来、半世紀近くにわたり、世界中から研究者が集まる先端的な海洋研究機関としての役割を果たしてきました。

2011 年の東日本大震災では甚大な被害を受けましたが、地域の方々の協力を得て「東北マリンサイエンス拠点形成事業」など震災対応研究の主要拠点として機能しました。2018 年には高台に施設が再建され、国際的な沿岸海洋研究ネットワークの中核を担うとともに、震災による海洋生態系への影響研究も継続しています。

また、これまで以上に地域と密接な関係を構築し、三陸沿岸の発展に寄与するため「海と希望の学校 in 三陸」に取り組んでいます。

大気海洋研究所と沿岸センターのシンボルマーク

東京大学社会科学研究所・希望学

東京大学社会科学研究所（社研、東京・本郷キャンパス）は、第二次世界大戦の反省のうえにたち、「平和民主国家及び文化日本建設のための、真に科学的な調査研究を目指す機関」として、1946 年 8 月に設立されました。社研では 1964 年以来、法学、政治学、経済学、社会学にまたがる様々な研究者が参加する「全所的プロジェクト研究」というユニークな研究展開を行っています。「希望の社会科学」（通称：希望学）は、2005 年に始まった全所的プロジェクト研究です。

ここでは、過去の津波や戦争、不況といった試練や挫折をどうやって新たな希望につなげてきたのかを学ぶため、社研を中心に全国の関係する研究者が釜石に足を運び続けました。さらに、2016 年からは釜石市と共同で「危機対応学」も展開しています。

これら一連の活動を通じて深い絆を得た三陸沿岸の発展に寄与するため、「海と希望の学校 in 三陸」に取り組んでいます。

社会科学研究所と希望学のシンボルマーク

海の生き物編

エゾアワビ

目もある巻き貝の仲間

三陸を代表する海の幸「アワビ」は、おそらく世界でもっとも値段の高い食べものの一つです。食べたことがあるかどうかは別として、アワビを知らない日本人はまずいないでしょう。けれども、アワビはいったいどんな生き物なのか、海の中でどんな生活をしているのか、を知っている人は意外に少ないのではないでしょうか。

日本だけで10種類

アワビにもいろいろな種類があって、日本だけでも10種類のアワビがいます。実はただの「アワビ」という名前のアワビはいないのです。三陸の海にすんでいるのは「エゾアワビ」という種類です。他の9種類は全て黒潮などが流れる暖かい海にすんでいます。

アワビの殻の形は、ホッキガイなどの二枚貝とよく似ているため、片方の貝殻しか持たない二枚貝だと思っている人が多いようです。しかし実際には、サザエなどと同じ巻き貝の仲間です。今度、ぜひアワビの殻のおしりの部分をよく見てください。わずかですが、サザエの殻のように渦巻き状になっているのがわかると思います。アワビの殻は成長するとグルグルと巻かずに外側に広がっていくのです。

ヤスリのような硬い歯

アワビは私たちと同じように2つの目を持っています（写真の赤い丸）。二つの目の真ん中の下側には口があって、ちゃんと歯も生えています。体の長さの半分近くもある「歯舌」と呼ばれる、長いヤスリのような硬い歯です。巻き貝の仲間はどれもこの歯舌を持っていますが、歯の形や歯の列の連なり方などは貝の種類によってちがっています。

いっぽう、同じ貝類でもアサリやハマグリなど二枚貝の仲間は歯舌を持っていません。巻き貝の仲間は、岩の上の海藻や動物をはぎ取って食べますが、二枚貝は水中に漂う小さなプランクトンを海水とともに吸い込んで、エラでこし取って食べるため、歯を必要としないのです。

稚貝は岩に張り付く

アワビは「岩に張り付く生き物」ですが、直径0.3ミリメートルほどしかない赤ちゃんアワビ（幼生）は、卵から孵化して1週間ほどは海中を漂っています（図）。その後、海底に降りて「稚貝」に変態し、岩に張り付く生活を始めます。アワビの幼生は「無節（むせつ）サンゴモ」と呼ばれるピンクの海藻の上に好んで降りて、そこで稚貝へと変態することがわかっています。

無節サンゴモは、石や海藻の表面をおおうようにして増える、別名「石灰藻（せっかいそう）」とも呼ばれる硬い体を持つ海藻です。アワビ稚貝は2～3センチに成長するまで無節サンゴモの上で暮らし、それからコンブなどの普通の海藻が生えている場所に移動するのです。

アワビの子ども達がすんでいる場所は、コンブなどの海藻が生えていない、無節サンゴモにおおわれた岩や石の表面です。一見、不毛な場所に見えますが、実は重要な場所なのです。

（河村知彦）

赤い丸の部分がエゾアワビの目

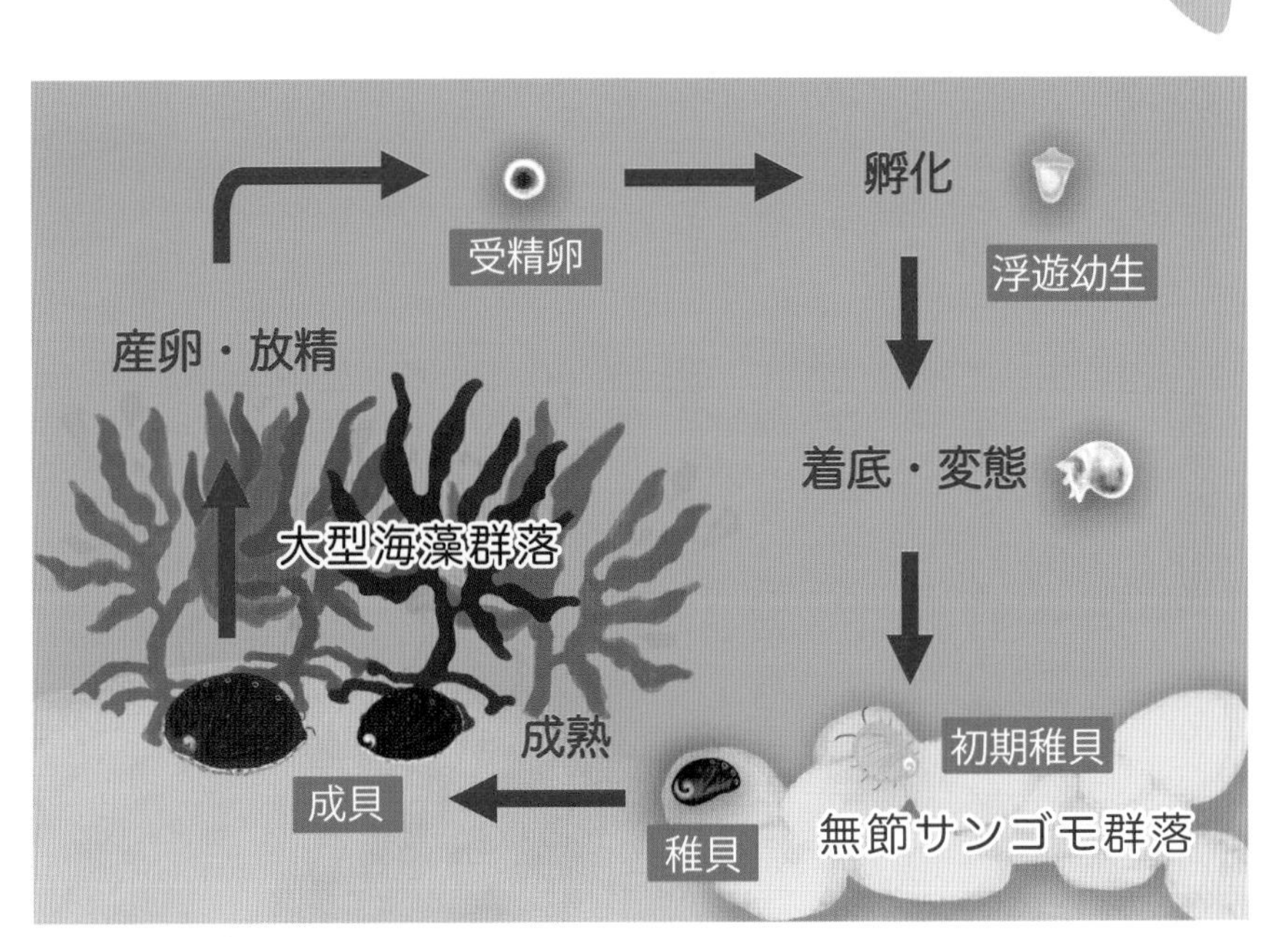

エゾアワビの一生と生息場の変化

夏になるとやってくる

関東よりも南の海岸では、夏になるとウミガメが産卵のために砂浜に上陸してきます。その一方で、産卵場からはるか北に位置する三陸の海にも、夏になるとウミガメがやってくることを皆さんはご存じでしょうか。

世界最先端の調査地に

世界各地の産卵場では、多くの研究者がウミガメ調査をしています。しかし、そこでは上陸してくる成体雌と卵からふ化した子ガメの研究しかできません。子ガメが大人になるまでの間、どこで何をしているのかはよくわかっていません。

三陸沿岸では定置網による漁業が営まれています。網にウミガメが時々入ることは、漁師さんはもちろん知っていました。しかし、漁獲物ではないウミガメは沖で放してしまうため、そのことは専門家も知りませんでした。漁師さんにお願いしたところ、ウミガメを港まで持ってきてもらえるようになりました。

7月になり水温が15度以上になるとまずアカウミガメが、そして8月頃からはアオウミガメが捕れます。アカウミガメは甲羅の長さが60㌢から80㌢、アオウミガメは40㌢から70㌢ほどで、いずれも大人になる前の少年から青年くらいの大きさです。毎年数十頭以上のウミガメを生きた状態で入手できるようになり、世界最先端の研究が可能となりました。

屋久島や小笠原生まれ

水槽に入れたウミガメを見学に来る人たちから「このカメは何歳ですか？」としばしばたずねられます。これまでは「分かりません」と答えるしかありませんでした。しかし、2018年に捕獲された甲羅の長さ60㌢のアカウミガメの体内に、電磁波に反応する標識が埋め込まれているのが見つかり、その個体が10年前に屋久島（鹿児島県）で生まれたことが分かりました。DNAの分析結果からは、アカウミガメは屋久島産、アオウミガメは小笠原諸島（東京都）生まれが多いことが判明しています。

岩手を出発したあと、何年かけて大人になって産卵場にたどり着くのかを調べるために、2005年から標識を付けて放流していますが、まだどこの産卵場からも連絡がありません。ウミガメが大人になるのには人間よりも長い時間がかかるのかもしれません。

放流する前に人工衛星発信器を取り付けられたアカウミガメ（撮影・木下千尋）

思いがけないデータ

放流するときに、何頭かのウミガメには発信器もつけています。人工衛星で電波を受信することで、放流した後の行動を1年間追いかけることができます。アカウミガメは外洋を水平方向に数千㌔㍍も回遊しながら、深度数十㍍の潜水（せんすい）を繰り返し、時々深度400㍍まで潜（もぐ）っていました。アオウミガメは浅い潜水を繰り返しつつ、沿岸沿いに南下していました。

さらに、ウミガメが送ってくるデータには思いがけない使い道がありました。ウミガメは餌（えさ）がたくさんある海域に留（とど）まり潜水を繰り返すので、水面下の水温を測定できます。ウミガメから送られてくるデータを大型計算機に取り込んで再計算すると、回遊範囲の外側まで正しく水温分布を把握（はあく）できるようになるといった研究成果がでています。近い将来、気象予報の精度が上がり、人々がウミガメに感謝するようになるかもしれません。（佐藤克文）

ウミガメのえさ

クラゲも貴重な栄養源

みなさんの好きな食べ物はなんですか？　私は冷やし中華とちらし寿司です。人によって好きな食べ物が違うように、ウミガメも種類によって食べ物が違います。

エネルギー少ないが

従来、アカウミガメは主に巻き貝やウニなどの海底にいる生き物を食べる肉食、アオウミガメは主に海草や海藻を食べる植物食だと言われてきました。三陸沿岸域にやってきたアカウミガメとアオウミガメのフンを調べてみると、確かにこれまでに知られている通りの餌生物が出てきました。しかし、本当にそれだけなのでしょうか？　はるばる何百キロも泳いでやって来るくらいだから、何か特別な餌も食べているのではないか？　ということで、ウミガメの甲羅にビデオカメラを取り付けて実際に餌を食べる様子を撮影してみました。

その結果、アカウミガメでは、クラゲなどのゼラチン状の生物を多く食べていました。また、アオウミガメでは、三陸沿岸にいる間は海藻を主に、時々クラゲ類を食べていましたが、血液成分を調べてみたところ、三陸にやって来る前はクラゲ類を多く食べていることがわかってきました。クラゲと聞くとなんだか栄養がなさそうなイメージがあるかと思います。確かに、体の95％以上が水分でできているクラゲ1匹から得られるエネルギーは少ないです。しかし、時として大量に発生し、他の餌よりも簡単に消化できるクラゲ類は、三陸に来るウミガメにとって重要な栄養源なのかもしれません。

プラスチックゴミも…

さて、ウミガメのフンを調べていると、本来の餌以外にも鳥の羽や木など、さまざまなものが出てきます。その中には、残念ながらプラスチックゴミも含まれていました。詳しく調べてみると、興味深いことにアオウミガメの方が多くのゴミを飲み込んでいることがわかりました。

そこで、海中で出合ったプラスチックゴミへの反応に注目してビデオ映像を再度確認してみました。すると、アカウミガメは海中で出合ったゴミを餌とある程度見分けて食べないことが多いのに対して、アオウミガメは出合ったゴミの多くを飲み込むという違いがありました。

アカウミガメはクラゲ類に加えて特徴的な形をした海底の生き物を食べている一方で、アオウミガメはゴミと似たように波間を漂う海藻も多く食べています。このような食性の違いが、出合ったゴミへの反応の違いに関係していると考えられます。

消化できなければ排泄

ところで、飲み込んだゴミはその後どうなると思いますか？　おなかに詰まって死んでしまうという話を聞いたことがある人も多いかと思います。実際、海鳥では雛のおなかにペットボトルのキャップが詰まっていたという事例が報告されています。しかし、ウミガメではこうしたゴミのほとんどがフンとして排泄されています。このように、海洋ゴミ問題は生物の種類によって影響の大きさも違います。

少なくともウミガメの場合は、口に入るものならとりあえず飲み込んで、消化できるものは自らの栄養にし、消化できないもの（鳥の羽、木、プラスチックゴミなど）は排出するという戦略でこれまで生き延びてきたのだろうと推察しています。これからも〝北のウミガメ達〟のちょっと変わった生きざまを明らかにしていきたいと思います。

（福岡拓也）

海中に漂うキタノアカクラゲ（アカウミガメのカメラから撮影）

クロマグロ

太平洋横断わずか2カ月

昭和初期の美食家・北大路魯山人は三陸のマグロ、それも宮古の「岸網もの」が一番うまいと言っています（『魯山人の食卓』、角川グルメ文庫）。「岸網」とは定置網（沿岸に仕掛けた網）のことで、定置網漁とは、仕掛けた網に迷い込んだ魚やイカを海の恵みとしていただく漁法のことです。近年、クロマグロを漁獲してもよい量が都道府県ごとに決められるようになったため、決められた量を超えて網に入ってしまう心配はありますが、それでも獲物を追いかけ回して獲るようなほかの漁法とは異なり、資源にやさしい漁法といえます。

電子記録計で調査

初夏、沖縄～台湾の沖あるいは日本海で生まれたクロマグロは、夏ごろ本州南岸にやってきます。2～3歳になると太平洋の沖合を遊泳するようになりますが、なかには、太平洋を横断してアメリカの沿岸まで渡るものもいます。こういった回遊の状況について、これまでは各地の水揚げの状況を調べたり、標識札などを魚体につけて放流したりして推定されてきました。1990年代になり、小型の電子記録計が用いられるようになりました（P14～15三陸のウミガメ参照）。

クロマグロの調査で用いられる記録計は「アーカイバル・タグ」と呼ばれるものです（図参照）。最新のものは水中重量で1.2グラム。本体に温度・圧力（水深）センサと時計が内蔵されています。一端にケーブルがつながっていて、水温と照度（光）のセンサになっています。この記録計の特徴のひとつは、照度から日の出・日の入り時刻を割り出して、経度・緯度、つまり魚のいる位置を推定できることです。GPSは海水中では使えないからです。

10歳で体長2メートルに

記録計から得られたクロマグロの回遊の例を示します（図参照）。1996年に対馬沖で体長55センチのものを放流しました。東シナ海で越冬したあと翌年に九州から四国・本州沿岸を移動し、5月に房総沖に達しました。三陸・北海道沖で滞留ののち11月に東へ移動し、たった2カ月で太平洋を渡りきり、98年8月に米国沿岸で再捕されました。88センチに成長していました。

産卵は早ければ3歳から始まります。寿命は20歳以上と考えられています。体の大きさは、2歳で1㍍、5歳までに1.5㍍、10歳で2㍍、最大で3㍍を超えます。三陸に来るクロマグロは主に、これから太平洋に旅立とうとするせいぜい80㌢ほどの若魚、それと太平洋沖合から戻ってきて、産卵の準備を始めようかという1㍍を超えるものになります。

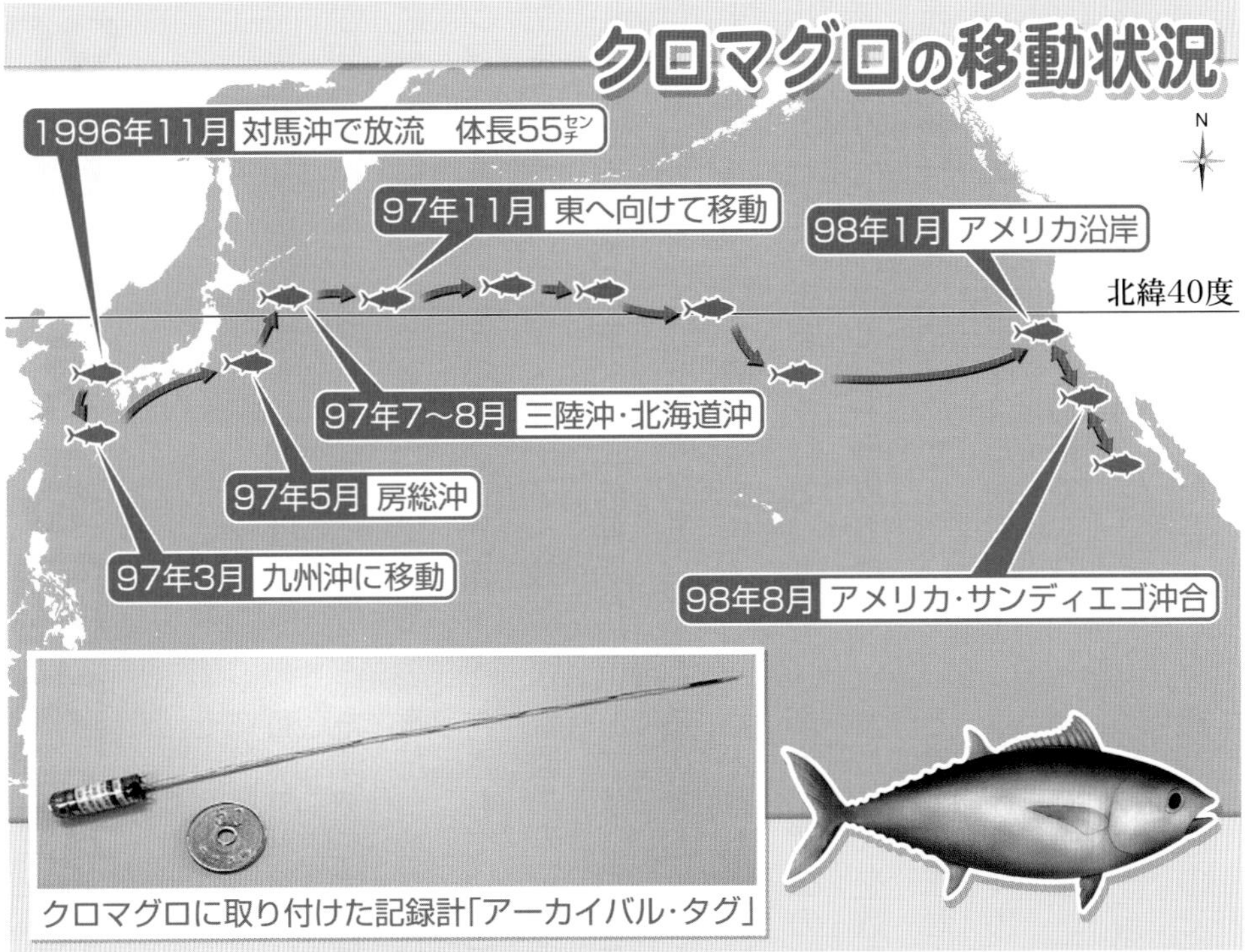

クロマグロの移動状況

1996年11月 対馬沖で放流　体長55㌢
97年3月 九州沖に移動
97年5月 房総沖
97年7〜8月 三陸沖・北海道沖
97年11月 東へ向けて移動
98年1月 アメリカ沿岸
98年8月 アメリカ・サンディエゴ沖合
北緯40度

クロマグロに取り付けた記録計「アーカイバル・タグ」

奄美大島の野外いけすで泳ぐ体長1.5㍍ほどのクロマグロ。5歳ぐらいだが十分に「大人」（撮影・太田格氏）

卵は直径1㍉ほど

ところでクロマグロの卵の大きさをご存じですか。実は卵の直径はたった1㍉ほどしかありません。メダカの卵と変わらないのです。クロマグロは、アリよりも小さなサイズで生み落とされ、人間よりもはるかに大きく成長して一生を終えるのです。近ごろは3㍍を超える大物が獲れなくなってきました。大きくなるまでにほとんどが獲りつくされているからです。今後もクロマグロが食卓に上り続けるためには、定置網漁のような、資源にやさしい漁業のあり方を広めていく必要があるのかもしれません。

（北川貴士）

ビノスガイ

90歳超える国内最長寿

世界で一番長生きする動物はなにか知っていますか？　ちなみに人の最長寿記録はフランスの女性、ジャンヌ・カルマンさんで122歳まで生きました。ゾウガメは175歳という記録があります。ウニの仲間には200年以上生きるものもいます。魚では、205歳の長生きメバルが知られています。そして、ギネスブックにものっている世界で最長寿の動物は、北大西洋にすんでいるハマグリの仲間でアイスランドガイという貝です。なんと最長で507年も生きていたそうです。

津波を生き延びる

岩手の海にも、とても長生きする貝が生きていることが私たちの調査でわかってきました。「ビノスガイ」という貝です。図1の貝は大槌町の海岸の水深20㍍の場所から採ってきた津波を生き延びた貝で、なんと92歳だったことがわかりました！　報告されている限りでは、おそらく日本最長寿記録の貝です。

では、貝の年齢はどうやって調べるのでしょうか？　実は貝の外側に見える「しましま」は年輪とは限りません。なので、外側に見える「しましま」を数えても年齢を調べることはできません。年輪を見るためには貝を切って、その断面を見る必要があります。図1の写真はビノスガイの断面に見える年輪を顕微鏡で撮ったものです。矢印で示しているのが年輪で、この数を数えると年齢がわかります。

年輪の幅で分かる水温

年輪の幅に注目してみて下さい。ある年は年輪の幅が広い、ある年はせまい、というように年ごとに違う事がわかると思います。貝がらの年輪の幅は、「その年が貝にとってどれくらい快適だったか」を示しています。北の貝は暖かい年によく育つことが多いので、年輪の幅が広い年ほど暖かかったということがわかるわけです。この年輪の幅を先端から根元に向かって計っていくことで、三陸の海の水温がどのように変化してきたかを過去にさかのぼって調べることができるのです。

環境変化を克明に記録

また、貝殻に含まれる元素の組成を調べることで、殻が作られた当時の環境の変化を推定することが可能です。例えば私たちは、2011年の津波後に大槌湾からムラサキイガイをとってきて、その殻に含まれるマンガンという元素の濃度を調べることで津波による環境変化を解明しました。マンガンは陸や海底の泥にたくさん含まれています。津波前の貝殻にはマンガンがほとんど入っていませんでしたが、津波により陸から土砂が流入したり海底の泥が巻き上がることで、貝殻の濃度が急激に高くなりました。海を調査することができなかった津波直後の時期でも、貝殻は環境変化を記録し続けてくれたのです。

（白井厚太朗）

<図1>

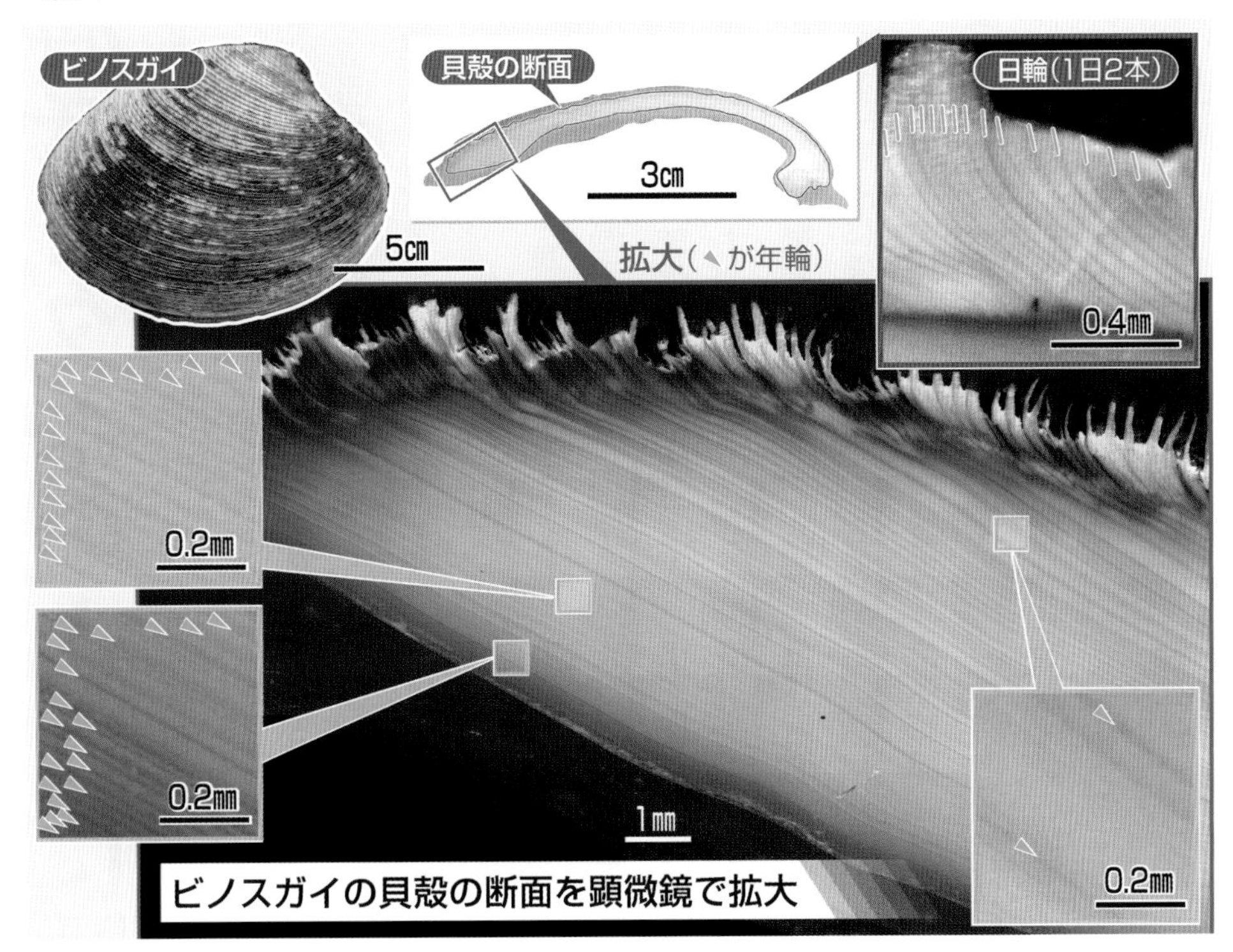

ビノスガイ
軟体動物門二枚貝綱マルスダレガイ科。太平洋北東部沿岸の水深5～30㍍の砂地にすみ、10㌢程度の大きさまで成長する。殻は厚く、表面に板状の凹凸が発達し、ざらざらしている。固くてあまりおいしくない

<図2>

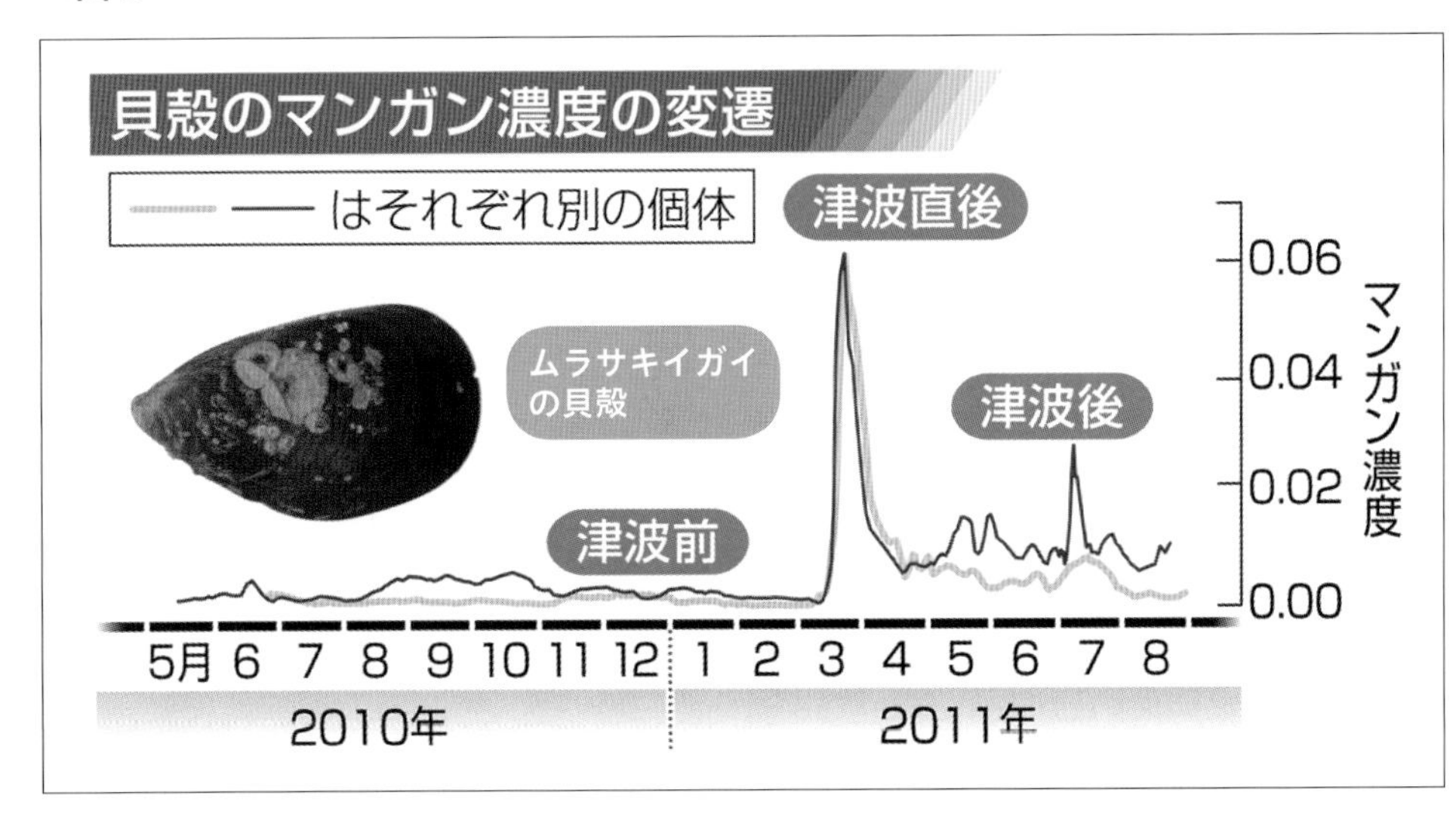

プランクトン

海底でタネのように眠る

朝の冷え込みが厳しくなるとなかなか布団から出られず、このまま冬眠したいと思うことはありませんか？　冬眠とは、低温な時期に生き物が運動や餌（えさ）を食べることをやめ、不活発な状態で過ごすことです。

逆に、高温や乾燥が苦手で夏眠する生き物もいます。このように、生き物が、成長や繁殖に適さない時期に活動を一時的に停止することを「休眠」と呼びます。休眠は、昆虫などの陸上の生き物にだけ見られる現象ではありません。海の中に住むプランクトンにも休眠によって生命をつないでいる種類がたくさんいます。

数カ月以上も休眠

温帯の海では、温度や栄養分は季節によって大きく変化します。プランクトンは種類によって増えやすい環境が違うため、それぞれの季節に適した種類が入れ替わりで現れます。では、プランクトンとして水中に現れない時期はどこで何をしているのでしょうか？　実は、水深の浅い沿岸では、海底で陸上植物の「種」のような状態で眠っているのです。環境が悪くなると、植物プランクトンは休眠胞子（きゅうみんほうし）と呼ばれる細胞をつくり、カイアシ類などの動物プランクトンは休眠卵と呼ばれる卵を産みます。

休眠胞子や休眠卵は海底へと沈み、やがて泥に埋まってしまいますが、殻が厚く丈夫なため、数カ月以上（場合によっては数十年）生き残ることができます。大槌湾で調査したところ、海底にはカイアシ類の卵が1平方㌢㍍あたりに数個存在し、一部の卵は少なくとも1カ月以上休眠したことが分かっています。このように厳しい時期を海底でやり過ごした胞子や卵は、適した季節が来ると休眠から目覚め、再びプランクトンとして水中で生活するのです。

大量の脂肪を蓄える

水深が千㍍以上ある外洋では、プランクトンは休眠胞子や休眠卵をつくっても深海の底まで沈んでしまうため、元々すんでいた浅い海には戻ってこられません。では、外洋にすむプランクトンは厳しい季節をどのように克服しているのでしょうか？

動物プランクトンのカイアシ類には、成長の途中で自分自身が深海へ潜って休眠する種類がいます。こうしたカイアシ類は、春から夏に浅い海で植物プランクトンをたくさん食べて成長し、体の中に大量の脂肪を蓄えます（写真下）。餌が不足する秋になると数百㍍の深海まで潜って休眠します。

休眠している間はじっとして餌を食べず、呼吸も少なくして、蓄えた脂肪で生きていくのに最低限必要なエネルギーをまかないます。そして、春が来ると休眠から目覚めて浅い海に戻り、大人へと成長して卵を産むのです。

まだまだ多くの謎

このように、プランクトンは休眠という仕組みをうまく利用して、毎年やってくる厳しい季節を乗り越えているのです。プランクトンの休眠にはまだ多くの謎が残されています。どのようにして海の中の環境が悪くなることを事前に知ることができるのか？　休眠からの目覚めをうながす刺激は何なのか？　プランクトンの生き残り術への興味は尽きることがありません。

（西部裕一郎）

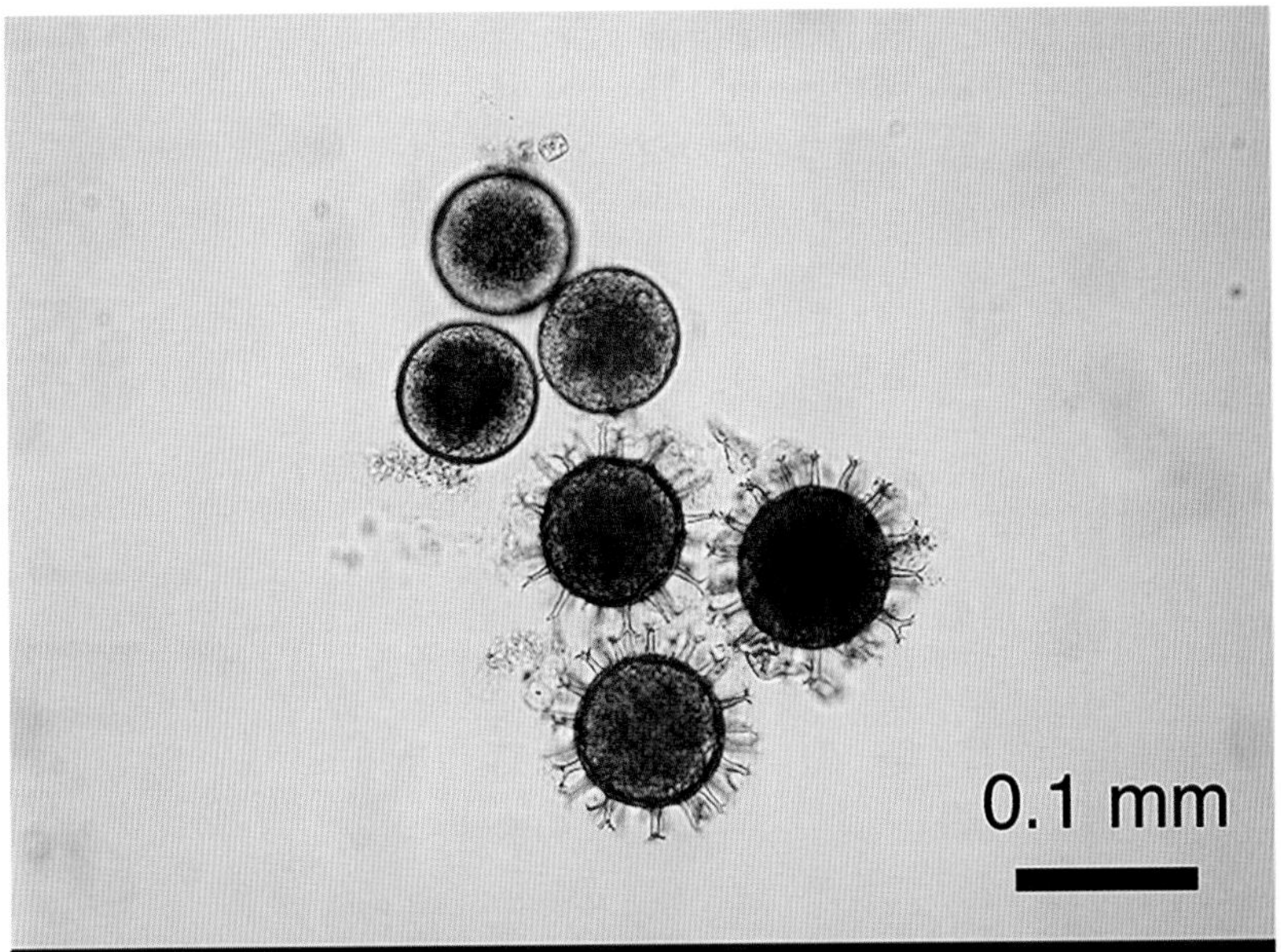

【写真上】カイアシ類の卵。トゲのある卵が休眠卵、その他は通常の卵（下）
【写真下】体の中に脂肪を蓄えたカイアシ類。黄色く見える部分が脂肪

海の森、二つのカイソウ

私たち人間が住む陸上には、さまざまな植物が生えています。多くの樹木が集まって生えている場所は森や林と呼ばれますが、海の中にも森や林のような場所があり、「藻場」と呼ばれています。藻場には魚や貝類、エビやカニの仲間など、多くの動物が集まり、隠れ家や餌をとる場として利用しています。産卵や子育ての場としても利用されるため、「海のゆりかご」とも呼ばれます。

ワカメ、コンブは海藻

海の中で藻場をつくる植物とは、いったい何でしょうか？　多くのみなさんが「カイソウ」を思い浮かべたでしょう。それでは、カイソウを漢字で書けますか？　「海藻」でしょうか、それとも「海草」でしょうか？　実はどちらも正解です。藻場をつくる植物には「海藻」と「海草」の2種類があるのです。

海藻（カイソウと読みます）には、みなさんも良く知る三陸の名産品、ワカメやコンブの仲間、アカモク、ノリの仲間など、非常に多くの種類があります。陸上の草や木は地面の土の中に根を張って体を支えるとともに、地中から根を使って水や栄養分を吸い上げて成長します。海藻は「根」を持っていないので、岩や石などの硬くて動きにくいものにくっついて（くっついているところは根のように見えるので仮根部と呼ばれますが、「根」ではありません）、葉のように見える体全体から栄養を吸収して成長します。

海草は根を張る

一方、海草（海藻と区別するため、ウミクサと読むことがあります）には、アマモやタチアマモ、スガモなどの種類があります。海藻のように人間が食べる植物ではないので、すぐには思い浮かばないかもしれませんが、干潟に生えるニラのような植物、といえばわかる人もいるでしょう。海草は、海藻とはまったくちがう植物で、陸上の植物に近い仲間です。その多くは、海底の砂や泥に陸上の植物と同じように根を張って育ちます。

津波で減った海草藻場

海藻のつくる藻場（海藻藻場）の多くは岩場（磯）に見られ、海草のつくる藻場（海草藻場）のほとんどは砂浜や干潟に見られます。それぞれにすむ魚や貝の種類もまったく違います。２０１１年の大津波は、海藻藻場に比べて海草藻場に大きな影響を与えました。

岩場に生える海藻の多くは津波にも流されずに残り、その結果、藻場にすむ動物も津波からある程度は守られましたが、海草の多くは砂や泥とともに流され、海草藻場の面積は各地で大きく減少しました。海草藻場にすむ動物たちも大きな影響を受けました。同じ海草藻場でも、湾や浜ごとに津波の影響は異なっていましたが、影響の大きかった場所では、震災から10年が経過した今でも、藻場がまだ完全には回復していない場所もあります。

（河村知彦）

岩場に発達する海藻藻場（かいそうもば）。写真の海藻は褐藻（かっそう）類のエゾノネジモク

砂地に発達する海草藻場（うみくさもば）。写真の海草はアマモとタチアマモ

オオミズナギドリ

横風を計算、数百キロ行き来

ハイテク機器を搭載したクルーザーに乗せてもらったことがあります。操舵室の電子画面には、地図と船の位置が表示されていました。船の舳先（船首方向）も矢印で示されているのですが、ちょっと妙な感じです。船自体は真西にある港に向かって進んでいるのに、舳先が目的地から右にずれ、西北西を指しているのです。

船の自動操舵システム

「どういうことなのですか」と船長さんにたずねたら、「北から南に向かって海流が流れているから、その流れを相殺するように舳先が西北西に向いている」との説明でした。

最近の自動操舵システムは優秀なので、目的地を入力しておけば、あとは船が真っすぐ進むように、自動的に舵を切ってくれるのだとか。画面を見れば船が真っすぐ港に進んでいるのがわかりますが、周囲を見回しても水平線しか見えません。

横風を受けながら

船の横を海鳥が飛んでいました。彼らも目的地に向かって進んでいるはずですが、横風を受けつつ目印のない大海原を飛ぶ海鳥は、いったいどうしているのでしょうか。

山田町の船越大島では、オオミズナギドリがヒナを育てています。親鳥は数百キロメートルも離れた海域まで餌を捕りに行き、ヒナに餌を与えるために巣に戻ってきます。小型のGPSを鳥の背中に乗せて、毎分記録された緯度経度を詳しく解析してみました。

北海道の襟裳岬沖から船越大島まで戻ってくるとき、鳥は南西に向かいます。その時、南東に向かう横風、すなわち右から左に向かって風が吹いていると、鳥は横風を相殺するように、頭を目的地よりも右に向けた状態で飛んでいたのです。逆に風が左から右に向かって吹いていると、鳥は頭を目的地より左に向けて飛んでいました。

記録計を背中に乗せて飛ぶオオミズナギドリ
（撮影・後藤佑介）

GPSもないのに

鳥はGPSもコンパスも持っていませんが、自分がどこにいて、帰るべき目的地がどの方角にあり、取り巻く風がどこに向かってどれくらいの強さで吹いているか、全てを知ったうえで飛んでいるようです。なぜそんなことが可能なのでしょう？ また宿題が増えてしまいました。

（佐藤克文）

「春の幸」は三陸だけ

生シラスが店先に並ぶと「春が来たなぁ」と感じますね。サッとしょうゆにつけて口に放り込めば、透き通った三陸の海の味がします。と、ここで深くうなずくことができるのは、岩手県でも沿岸部の人たちに限られるようです。

細長い魚の子ども

「春の生シラス」と聞いても、私の知り合いで岩手県内陸部に生まれ育った人たちは、「あまりピンとこない」と言っていました。さらに、これを関東や四国、九州など全国的に広げてみれば「ほとんどピンとこない」という人ばかりです。

「生シラス」というキーワードで調べてみると、黒潮が流れる関東以西では、春から秋にかけて漁さえあればいつでも食べることができるのに、三陸ではどういう訳か春先に限られています。実は〝シラス〟とは透き通った細長い魚の子ども(仔稚魚)全般を指す言葉で、厳密に種類を特定するものではありません。このため同じ〝生シラス〟と呼ばれるものであっても、地域によって魚の種類が異なっているのです。

黒潮沿いでは一般に、産卵期が半年以上におよぶ南方系のカタクチイワシなどを使うのに対し、三陸沿岸では冬場の2カ月ほどの間にだけ産卵する北方系のコウナゴを用います。これが三陸の生シラスに独特の季節感を与え、その味を引き立てている秘密です。

北日本は別種?

さて、このコウナゴ。正式な和名は「イカナゴ」といって、北海道を含むわが国沿岸に広く生息しています。これまで日本のイカナゴはすべて同じ種類と考えられていましたが、2015年になって岩手県を含む北日本の個体群は、別種の「オオイカナゴ」であるという研究結果が報告されました。

別の種類であれば色や形、遺伝子や生態など、どこかに違いがあるはずですが、これまでわれわれが調べたところでは、どうもこの差がはっきりしません。それどころか、他の地域では頭部に認められる緑色の輝点が、大槌湾の個体に見つからないなど、種類ではなく地域的な違いまで明らかになってきました。一体何がどうなっているのやら、見当すらつかないというのが正直な現状です。

三陸の生シラスの正体が明らかになるには、もう少し時間が必要ですが、何だか種類のよくわからない魚を食べるなんていうのも面白い経験ではないでしょうか？

冬眠ならぬ「夏眠」

イカナゴは海産魚で唯一、夏になると休眠する「夏眠」と呼ばれる珍しい生態を持ちます。水温が20度を超えるようになると水深20～50㍍程度の海底の砂に潜り込み、再び海水が冷たくなる晩秋までの数カ月間も餌（えさ）を食べずにじっとしています。

この間におなかの中の卵を成熟させ、夏眠があけてから産卵するわけですが、三陸沿岸では夏眠場所や成熟、産卵の実態もほとんど明らかになっていません。生シラスについて、われわれが知る唯一の間違いないことは「おいしい」ということだけかもしれません。

（青山潤）

砂に見立てた透明ビーズに潜る水槽（すいそう）のイカナゴ。海産魚で唯一、夏に休眠する

5月中旬に大槌湾で水揚げされた体長10㌢ほどのイカナゴの稚魚

川を探して南北移動

岩手県のサケの水揚げは北海道に次いで全国2位を誇り、「南部さけ」の名称で「県の魚」に指定されています。サケは北海道や北日本の川で12月から2月ごろにかけてふ化し、春先になると海に降りて彼らの長い旅が始まります。オホーツク海を通ってベーリング海やアラスカ湾に行き、そこで成長します。そして3~5年後の9月から翌1月にかけて、自分が生まれた川に帰り産卵するといわれています。これを母川回帰といいます。

あらゆる感覚を総動員

サケは地磁気の方向や川の匂いを思い出し、母川を探しあてているようですが、はっきりしたことはわかっていません。いずれにせよ目や鼻などあらゆる感覚を総動員させていることは間違いないでしょう。でも人間にはそんなすごい能力はないので、あまりピンときませんよね。

ただ、三陸へ戻ってきたサケが一瞬のうちに母川を探しあててしまうかというと、そうでもなさそうなのです。湾奥で捕獲されたサケを逃がしてやると、半数以上が湾外へ出てしまい、100㌔近く離れた場所で見つかることもあります。どうやら三陸に来たサケは北へ南へ移動しながら懸命に母川を探しているようです。

サケは生まれてすぐに川を出ます。しかも三陸沿岸では河口から2㌔程度の地点で産卵するため、稚魚が海へ出るのに1日もかかりません。ですから三陸のサケは川での生活が短い分、他の地域のサケと比べて母川の記憶が曖昧なのかもしれません。

産卵ぎりぎりまで

皆さんのサケのイメージは、川を何百㌔もさかのぼり、ボロボロになりながら産卵場へ向かう姿かもしれません。しかし三陸のサケはほとんど川をのぼらないので、リアス海岸の入り組んだ湾は彼らの旅のゴールといっても過言ではありません。だから産卵ぎりぎりまで沿岸を南北に移動して曖昧な記憶をたよりに母川を探しているようです。もしかしたら三陸のサケの中には、母川を探し出せず別の川に入る個体が結構いるのかもしれません。でも、たとえ母川が見つからなくても、産卵場所とパートナーさえ見つかれば、子孫を残すという一大イベントは成し遂げられ、静かにその一生を終えることができるのです。

三陸では、初秋から冬にかけて川

三陸に回帰したオスのサケ。成熟（せいじゅく）途上は銀色だが（上の個体）、ほぼ成熟すると独特の婚姻色（こんいんしょく）が体に現れ、鼻が曲がる

追跡用の音波発信器（背びれの前の黒色の装置）が取り付けられたサケ。三陸のサケはリアス海岸にそそぐ急峻（きゅうしゅん）な河川での産卵に適応するために、独自の遡上（そじょう）生態をもつことも分かってきた（大槌町・小鎚川で撮影）

のそこかしこで回帰した親魚が見られますし、春にはちょっと川の中をのぞいてみれば、海に向かう稚魚に出合うことができます。皆さんもぜひ三陸のサケを探してみてください。とても身近な動物であることに気付くことでしょう。

北は野田、南は気仙沼

私たちは大槌湾奥で捕（つか）まったサケに発信器を装着（そうちゃく）して放流し、サケの行動を調べてきました。母川を探すために南北に移動するサケが、どのあたりまで移動すると思いますか？北では野田村、南は気仙沼（けせんぬま）で再び捕獲（ほかく）されたことがあります。中には見つからずに売られてしまい、トラックに運ばれて八戸まで行ってしまったこともあります。そんなことも楽しみながら研究を進め、いま三陸のサケについていろいろなことが分かりつつあります。

（野畑重教）

野生のサケ

白い川底は産卵の証

毎年秋から冬にかけて、三陸沿岸の大きな関心ごとのひとつは、三陸の基幹産業であるサケです。親サケたちは、北の冷たい海で何年も過ごして成長した後、産卵のために三陸沿岸に戻ってきますが、そのほぼすべてが定置網やウライ（川止め）など、沿岸や川に設置された捕獲施設で捕獲されます。

三陸の川にもいる

捕獲施設を設置するのは、三陸名物・新巻鮭などにして食べるためでもありますが、人工的に卵を採って受精させ、春先に放流する稚魚を生産するためです。岩手県はサケのふ化放流事業がとても盛んで、捕獲する親魚の数も、放流する稚魚の数も本州一。そのため、三陸沿岸では、川で自然に産卵するサケはいないと考えられてきました。しかし、捕獲施設を設置する前や撤去した後、あるいは、設置された捕獲施設のわずかな隙間をうまく通り抜けて川に上り、自然に産卵する野生のサケが、ここ、三陸にもいることが最近わかってきました。

地下水が湧く場所に

川に上った親サケのメスは、地下からきれいな水が湧く場所を探して、そこに産卵床と呼ばれる産卵場所を準備します。サケの卵の成長には、水温が大きく影響します。地下水は、川の水と比べて水温が安定しているので、地下水が湧く場所は卵の成長に適していると考えられています。そういった場所を見つけると、サケのメスは体を横にして、尾びれで川底を叩いて、川底を掘ります。この時、川底の石についていたコケがはがれるので、サケが川底を掘った場所は、周りの部分と違って白っぽく、キラキラして見えます。その面積は畳1枚くらいです。サケの大きさは平均すると65センチ前後なので、自分の体の何倍もの面積の産卵場所を尾びれだけを使って準備するのです。

川底が白っぽくなっている部分がサケの産卵床。産卵床の中央部でメスのサケが産卵床を守っている＝ 2017 年 10 月、大槌町・小鎚川

生命の始まりと終わり

産卵床ができると、そこでオスと

野生のサケの産卵の瞬間。１匹のメスにたくさんのオスが集まっている。右下にオレンジ色の卵と白っぽい精子が見える＝ 2018 年 11 月、大槌町・小鎚川

メスがつがいとなって、産卵の準備をします。そして、メスが卵を産んだ瞬間にオスが卵に精子をかけ、受精が起こります。この後、メスは再び尾びれを使って産んだ卵の上に小石を載せるので、産卵床にはちょっとした小石の盛り上がり（塚）ができます。冬の終わりから春の間に、この産卵床の中でふ化した稚魚は海へ下り、沿岸で一定の期間を過ごした後、北の海へと旅立っていきます。

一方、親サケは産卵を終えると、しばらくの間は産卵場所に止まって、産んだ卵を守りますが、間もなく、その生涯を終えます。「ホッチャレ」と呼ばれる死がいは、すぐに腐敗が始まってボロボロになり、やがて自然に還ります。

みなさんも家の近くの川をのぞいてみてください。何千キロも離れた北の海から戻ってきたサケが自然に産卵し、生涯を閉じる生命のドラマが目の前で繰り広げられているかもしれません。

（峰岸有紀）

デコレーター・クラブ

「くず」で着飾るカニたち

「デコレーション」という言葉を聞いてみなさんは何を思い浮かべるでしょうか。デコレーションケーキ、ドレスのデコレーション。トラックを電球で飾り、荷台におっかない絵を描いた「デコトラ」。一昔前には携帯電話にシールを貼って「デコ電」なんてものもありました。どれもより美しく、あるいはかっこよく、より目立つように工夫を凝らした「装飾」です。

着飾って隠れる

自然界にもさまざまな「デコレーションをする生き物」がいます。ミノガの幼虫（ミノムシ）やクモの仲間には、自分の巣に折れた枝や落ち葉を付けて、ゴミのかたまりのように仕立てるものがいます。先ほどの例とは逆で、これらは捕食者が興味を持たないようなものに化けるカムフラージュ戦術の一つです。彼らは隠れるため、隠すために必死で飾り付けをしているのです。

なぞだらけの生態

私が研究するカニの仲間にも隠れるために自らを飾りつけるものがたくさんいて、「デコレーター・クラブ」と呼ばれています。彼らの甲には釣り針のように曲がった毛「鉤状剛毛」がたくさん生えており、それらにちぎった海藻やカイメンを引っかけるのです。例えば「ヨツハモガニ」の仲間は、角と頭の後ろ、甲の両側面に海藻を付けます。「ケセンガニ」は体中を海藻片でデコレーションし、まるでゴミが動いているかのよう。実際、日本の磯でよく見かけるデコレーター・クラブには、「イソクズガニ」「ワタクズガニ」「モクズショイ（藻屑背負い）」などと、ちょっとかわいそうな和名が付けられています。

「くず」で着飾ったカニたちは、名前を調べるのもひと苦労。なぜなら彼らの「衣装」を取り除くまでは、種の同定に使うべき細かい特徴が見えないからです。ただでさえ見つけにくいのに、そのうえ名前も調べにくいとなると、研究が進むわけもな

大槌湾の藻場で見られるデコレーター・クラブ。どちらの種も紅藻（こうそう）を使ってデコレーションをしているが、デコレーションをする体の部分も、デコレーションに使う海藻の量もずいぶん違う

く、最初の研究から130年が経った現在でも、どのデコレーター・クラブの生態もあまりよくわかっていません。

三陸で新種発見

2019年、私は三陸の藻場（もば）で最もよく見かけるカニ「オオヨツハモガニ」を新種として発表しましたが、彼らもまたデコレーター・クラブでした。ごくありふれたカニがこれまで新種と気付かれなかったのは、彼らが見つかりにくかったから…ではありません。よく似た「ヨツハモガニ」と間違えられていたのです。現時点では、彼らの生態については、稚ウニやアワビの稚貝を食べること以外、ほとんどわかっていません。別種だと思われていた彼らの「衣・食・住」が明らかになれば、思いがけない三陸の海の一面が見えてくるかもしれません。

（大土直哉）

ケガニ

世界的には「珍種」です

三陸の冬の味覚には、いろいろなものがありますが、「ケガニ」もその一つ。大槌町内や釜石市内のスーパーでは、年末から5月いっぱいくらいまで「活ケガニ」がちらほら鮮魚コーナーに並びます。毎年3月上旬には宮古市で「宮古毛ガニまつり」がありますね。

その毛は何のため？

「ケガニ」という名からして、特別毛深いカニであるように思ってしまうかもしれませんが、実はカニの仲間には（程度の差はありますが）意外とたくさんの毛が生えています。口の周りなどは特にもじゃもじゃ生えており、食事のときに役に立っていると言われています。一部の種では先端がスプーンのような形になっているそうですから、食に関するこだわりの深さというか、その徹底した進化には驚くばかりです。

口の周りの毛や、海藻などで体を着飾るデコレーター・クラブ（P34～35）の「鉤状剛毛」と呼ばれる釣り針のように曲がった毛は、全体からすればとても特殊な例で、多くは見た目もシンプルで何のために生えているのかがよく分からないものばかりです。ケガニの毛についても、その役割については残念ながら確からしいことは何も分かっていません。

限られた分布域

十年ほど前、世界中の甲殻類研究者が集まり、研究成果を発表し合う「国際学会」が東京で開かれ、その参加者と東京の築地市場を見学するイベントがありました。このときには、海外の研究者数名がケガニを囲んで興味深そうに話していました。英語の勉強と思って、ちょっと耳を澄ましてみると「これがケガニか、初めて見たよ」――。実はケガニは、世界的に見るととても珍しいカニなのです。

ケガニの仲間（クリガニ上科）は世界に、ケガニ、トゲクリガニ、クリガニの3種のみ。いずれも三陸では食用となりますが、世界でも日本海沿岸と、茨城県以北からアラスカまでのベーリング海にかけての太平洋沿岸にしか分布していません。このような分布のしかたは「北太平洋北部型」と呼ばれ、サケ・マスの仲間やアマエビの名で知られるホッコクアカエビなどと同じです。日本には1300種以上のカニがいますが、北太平洋北部型の種は20種ほどしか知られておらず、そのなかでも

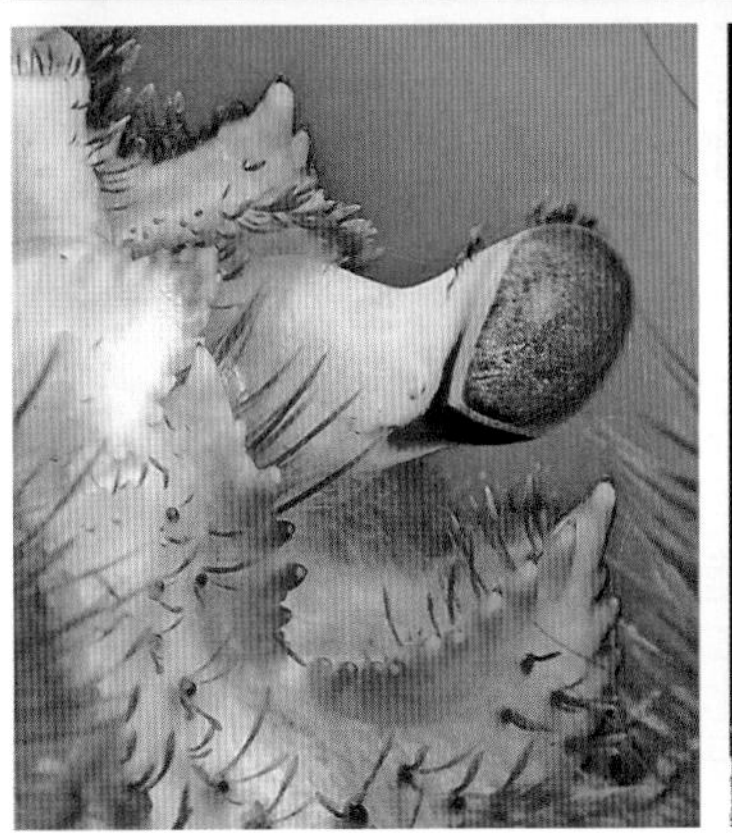

よく見ると、ケガニはとても美しいカニであることが分かる。金色の毛は、サボテンの針(はり)のように規則正しく並び、目のまわりには、むらさきやだいだいの「差し色」が入っている

食用として流通するのはケガニの仲間くらいです。

一方、同じ食用になるカニでも、ガザミの仲間（ワタリガニ上科）は、世界中の海から470種近く、ズワイガニの仲間（クモガニ上科）は900種以上いるのですから、ケガニの仲間がいかに小さなグループかが分かります。

世界に自慢できる存在

「三陸のケガニ」は、すっかり高級品になってしまった「北海道のケガニ」に比べると、だいぶ手の届きやすい値段（大槌町内だと1匹(ぴき)800円弱～）です。三陸でケガニ漁に携(たずさ)わる方は歯がゆい思いをしておられるかもしれませんが、私たちが目にする「お得でおいしいケガニ」は、三陸から世界中に自慢(じまん)できるものだと私は思います。

（大土直哉）

ナンブワカメ

国産のほぼ7割占める

日本人には大変なじみのあるワカメ。インスタントみそ汁にはたいてい入っていますし、三陸でおなじみの磯ラーメンにも具材として使われています。カットワカメ、スープ、カップラーメン、ふりかけ、茎ワカメなど加工品もさまざまです。料理との相性のよさから、調理法も多岐にわたります。

岩手は収穫量日本一

毎日といってよいほど皆さんのご家庭の食卓にのぼるワカメですが、「お前はどこのワカメじゃ」とたずねられたら、「三陸産」と答えると7割の確率で当たります。徳島県の鳴門も有名ですが、実は岩手県が収穫量日本一（2016年）で、2位の宮城県とあわせて70％のシェアを誇ります。そのほとんどは養殖で、岩手県の沿岸部ではほぼ全域で養殖が行われています。東北地方で産する、いわゆる三陸ワカメは「ナンブワカメ」と呼ばれており、三陸と北海道沿岸以外でも深い所、特に潮流の激しい所に生育しています。大型で茎が長く葉の切れ込みが深い▽葉片数が体長に比して少ない▽胞子葉のヒダの数が著しく多い―のが特徴です。養殖に適しているので、東北地方以外でもナンブワカメをつくる地域が多くなっています。

「めかぶ」の役割は

春から夏の成熟期になると、ワカメの基部にいわゆる「めかぶ」と呼ばれる成実葉（胞子葉）が形成されます。養殖の場合、これを軽く乾燥させた後、縄などに挟み込んで海水中につり下げます。すると秋から初冬にかけて胞子葉の表面から無数の胞子嚢が生じ、無性の生殖細胞である遊走子が縄に付着して糸状体に育ちます。雌性と雄性の配偶体からそれぞれ卵子と精子が放出されて受精が行われ、3～5カ月で成葉へと成長します。

近年、冬に流通するようになった「早採りワカメ」とは、もともとは成長の途中で間引きされ捨てられていた若いワカメのことです。格別の風味があり、季節感を味わえます。さっと湯通しするのが最適とされています。

手間をかけて食卓へ

収穫されたワカメがどのようにして加工品に仕上がるかについては、ご存知の方はあまり多くないのではないでしょうか。ここでは一例とし

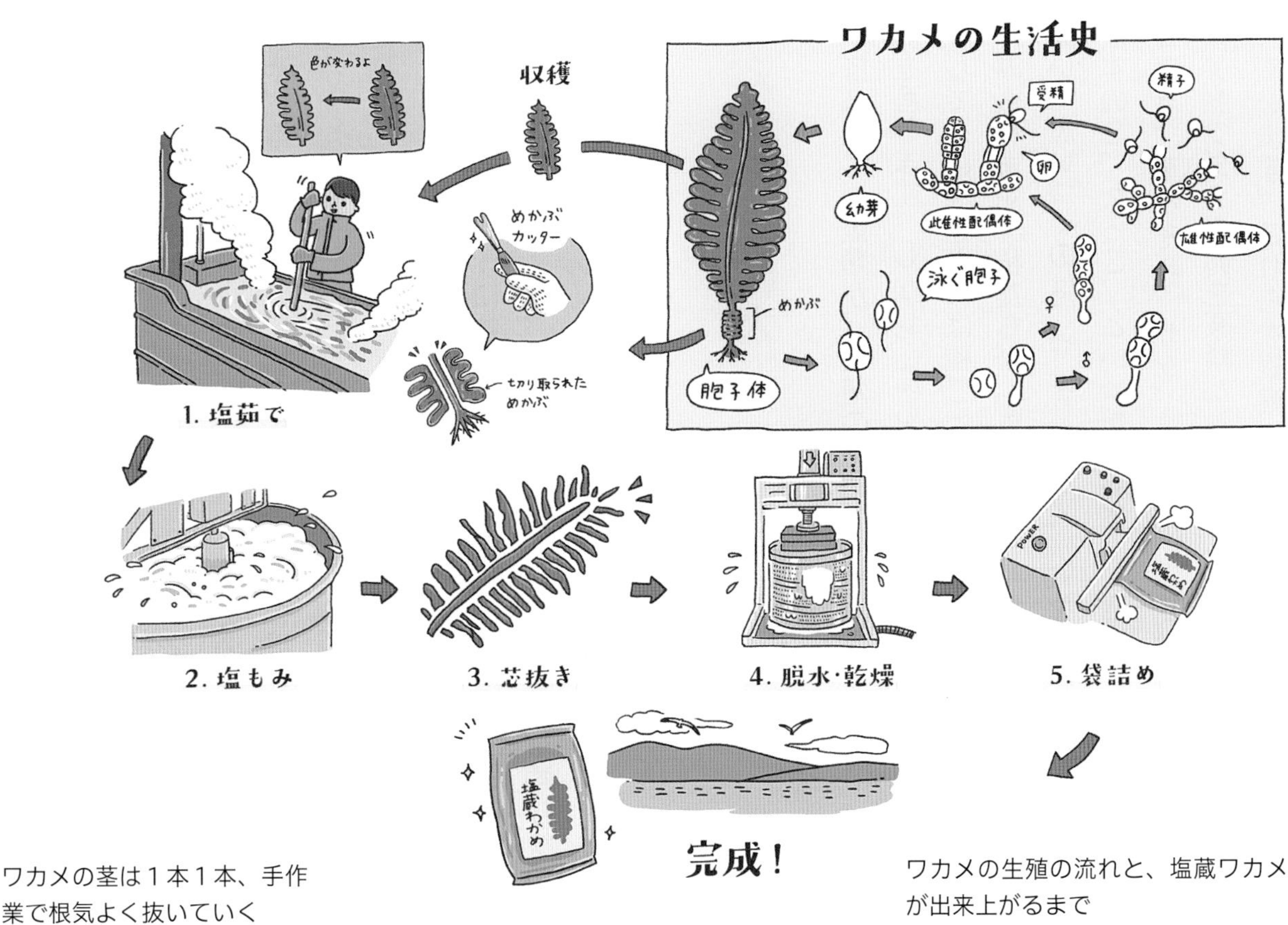

ワカメの生殖の流れと、塩蔵ワカメが出来上がるまで
（イラスト・きのしたちひろ）

ワカメの茎は1本1本、手作業で根気よく抜いていく

て、塩蔵ワカメができあがるまでについて紹介します。

ワカメの刈り取りは春先に行われます。刈り取られて、水揚げされるとすぐにめかぶを切り取って、熱湯で塩ゆでにします。このとき褐色のワカメが鮮やかな緑色に変化します。冷却後、大型洗濯機のような機械に入れて食塩水中で塩もみします。塩もみのあとの茎などをはずす作業は、1本1本を根気よく丁寧に抜かなければいけません。茎をはずし終わると、機械で圧力をかけて脱水します。脱水後、ワカメをほぐして小分けにして袋に詰め、シーリングします。

商品あるいは加工原料として出荷されます。

普段なにげなく食しているワカメですが、製品になるまで作業工程が何段階もあり、かなりの手間がかかることがおわかりいただけるかと思います。

（北川貴士）

水温でサイズが変わる

「魚」と言っても、種によって大きさや形はさまざまで、ヒラメのように平たい魚もいれば、ウナギのように細長い魚もいるし、メダカのように体長数センチにしかならない魚もいれば、マグロのように体重が100キロを超える魚もいます。しかし、多様な形をもつ魚たちも、その一生はごく小さな一粒の卵から始まります。

サケの卵は特大

ほぼ全ての魚類が、繁殖のために卵を産みます。しかし、産む卵の数、そしてその大きさには種ごとに違いがみられます。私たちが「魚卵」と聞いて思いつくのは、やはりイクラ、かずのこ、たらこ、といった食品でしょう。それぞれ、サケ、ニシン、スケトウダラの卵を原料として作られています。これらを観察すると、種類によって卵の大きさ、そして数の違いに気がつきます。ほとんどの魚種の受精卵は直径1ミリ前後と小さく、直径が約7～8ミリあるサケの卵は、魚の中では特大サイズです。

また、1匹の雌が産む卵の数は、大きな卵を産むサケでは約3千個、小さな卵を産むニシンやスケトウダラでは数万～数十万個にもなります。

生き残り決める要因

魚が卵を、いつ、どこで、どのくらいの大きさで、どれだけの数を産むかは、子の生き残りを決める重要な要因であり、周囲の環境、特に水温に影響されます。卵のサイズが大きいほど卵黄量、すなわち仔魚(しぎょ)が使える栄養が多いことを意味し、飢(う)えや低水温に耐えることができる、という利点が考えられます。一方で、卵を大きくするほど産める卵の数が少なくなる、という関係があります。

岩手県の沿岸水温を調べると▽一年を通して南の地域より水温が低い▽親潮の流入により季節的な変化が大きい—といった特徴があることがわかります。では、このような環境で、岩手の魚にはなにかしら地域性がみられるのでしょうか?

大槌湾は一回り大きい

一つの研究例を紹介します。1980年代の研究で、大槌湾ではカタクチイワシの卵のサイズが、南方とは異なることが報告されています。

カタクチイワシは、沖縄を除く日本全域の沿岸に分布しています。その卵は魚類にしては珍しく、米粒のような楕円体(だえんたい)です。まず、大槌湾のカタクチイワシは夏に産卵し、その卵は長径約1.4ミリでした。対して、神奈川県の相模湾では、カタクチイワシはほぼ一年中産卵し、夏は約1.2ミリ、冬には約1.5ミリの卵を産んでいました。

二つの湾を比べると、大槌湾の卵のサイズは、夏でも冬の相模湾に相当する大きさであることがわかりました。この差はわずかに思えますが、重さでは約30～50％の違いに相当します。

この研究では、カタクチイワシは水温が低くなるほど大きな卵を産むことも示されており、三陸沿岸の特徴的な水温環境が、限られた期間に大きな卵を産む、という地域性を生み出したと考えられています。

（川上達也）

日本沿岸でプランクトンネットにより採集した魚卵。魚の卵は、胚と卵黄が透明で柔らかい卵膜に包まれている。受精すると胚の発生が始まり、細胞は分裂を繰り返して数を増やし、筋肉や神経、眼や口といった器官が作られていく。胚体（はいたい）がある程度発達すると孵化（ふか）し、外へ泳ぎ出す。一見似たような魚卵でも、その大きさや卵膜上の構造（とげや網目状の模様など）、卵内に見える胚体の形や色素の分布はさまざまなことがわかる

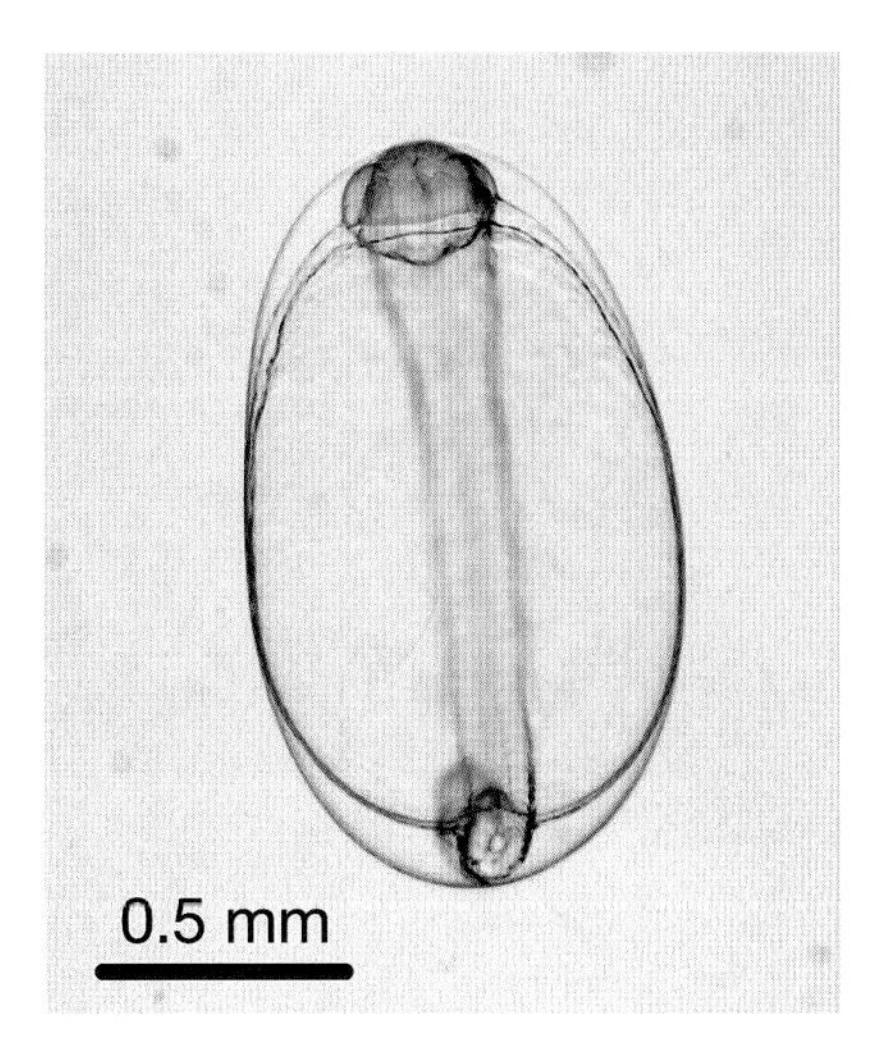

カタクチイワシの卵。魚卵にしては珍しく細長い楕円形（だえんけい）のため、簡単に見分けることができる

新しい未来をつくるために

重茂半島全域がにぎわう黒崎神社例大祭の日。東大・大気海洋研の吉村健司研究員に出会ったことからすべてが始まりました。

宮古市立重茂中は本州最東端に位置する全校44人の小規模校です。全世帯の75％が水産業に従事する地区にあり、ウニの口開けの時など、生徒には家の手伝いをしてから登校することを認めています。また、重茂漁協が中心となって進めた「相互扶助・互恵」を合言葉とする東日本大震災からの漁業復興は、2020年に水産庁長官賞を受賞しました。そんな水産業を中核とする重茂ですが、少子高齢化に伴う漁業の後継者不足は深刻な問題となっています。

例大祭から3カ月後、東大の方々に3年生の地域づくり特別授業への参加をお願いしました。特別授業は、地域の自然や伝統文化、水産業、景観等に関する探求的な学習を通して、現状と課題の把握、問題解決に向けた情報の収集と分析、そして将来に希望を育む提案を目指すものとなりました。これは「災害に負けず地域を盛り上げ、末永く守り育てる学校」を目指す本校の理念と合致するものです。校長の呼びかけで学校教育目標が変更され、「海と希望の学校ー〇〇の未来に貢献できる生徒の育成ー」となりました。

「〇〇」は「重茂」であったり、「世界」であったり、また〇と〇の間隔をなくしてあるので「∞」（インフィニティ・無限大）とも読むこともできます。2020年6月には、東大の海洋研究センターと「連携協定」を締結し、重茂中での定期的な出前授業や海洋研究センターでの宿泊研修を実施するようになりました。今後は「海と希望の学校」のカリキュラム作成なども視野に入れています。

こうした活動を通じて、重茂中ならではの「海と希望の学校」を作り上げていきたいと考えています。重茂の恵まれた環境を生かし、重茂が希望豊かな地域となるとともに、重茂中が地域の活性化に貢献する「核」となることを期待しています。

（佐々木匡人）

学校教育目標の「海と希望の学校」の横断幕を掲げる宮古市の重茂中

海のしくみ編

海水の流れ

想像以上にダイナミック

三陸沖の海は、世界三大漁場の一つに数えられています。沖を流れる寒流と暖流に加え、たくさんの川からも栄養分が注がれています。三陸の海で、海水はどのように流れ、岩手県のみなさんの暮らしとはどのように関係しているのでしょうか?

天然の栄養分を運ぶ

例えば、岩手県の東側にある太平洋沿岸では、北から南向きに暖かい海水が流れています。この海流は「津軽暖流」と呼ばれていて、その上流をたどると、津軽海峡→日本海→東シナ海とつながり、果ては赤道近くにまで続きます（図の左下参照）。冬に沿岸の町のほうが内陸に比べて暖かい理由は、内陸の高い山にさえぎられて沿岸には雪が降りにくいことに加えて、暖かい海水が近くを流れていることにもあります。

海水の流れは、岩手県の主要産業である漁業に、大事な役割を果たしています。三陸で行われているワカメ・コンブ・ホタテ・カキなどの養殖では、人が栄養や餌（えさ）を与えることをしていません。その代わり、海の流れが、天然の栄養分を養殖場に運んでいます。三陸のリアス湾の中では海水がどのように流れているのか、最新の研究によって得られた成果を図に表しました。

夏の大槌湾は3階建て

夏の大槌湾の中では、海水がダイナミックに「3階建て構造」になって流れています。一番上の3階（緑色の矢印）では、湾の奥で川の水が注ぎ、それが海水と混じりながら、3㍍くらいの厚さで流れています。2階（赤い矢印）は、10㍍以上の厚みがあって、暖かい海水が流れています。そして、1階（白い矢印）も10㍍以上の厚みがあって、ここでは冷たい海水が、2階とは反対方向に流れています。特にこの1階の流れ（海底近くの流れ）は、湾の外から中にたくさんの栄養分や酸素を運んでいて、養殖を支える「縁の下の力持ち」の役割を果たしています。

これらの海水が流れる速さは、速いところでは秒速0.5㍍で、人が歩く速さの半分くらいです。もしかしたら遅く感じるかもしれませんが、重い水が全体的に動くので、実は非常に強い力を持っています。

観測が難しい冬の海

海の中の流れは目で見えないため、調べることがとても難しいのですが、最近は音波を発信する最新の観測装置を使うことで、流れの様子もよく分かってきました。そして、三陸では大槌湾以外の湾でも、同じようなダイナミックな流れが存在することが分かってきています。しかし、それでも冬の様子は、まだ分かっていないことが多くあります。その理由は、冬の三陸沿岸は、北上山地（釜石市の和山高原、大槌町の新山高原などがあります）からの〝おろし風〟が吹き荒れて、観測すること自体が難しい日が多いためです。

（田中潔）

夏の大槌湾
川の水
約3m
暖かい海水
10m以上
冷たい海水
10m以上
養殖を支える
「縁の下の力持ち」
海底
日本海
津軽暖流
太平洋
東シナ海

冬の嵐が来襲（らいしゅう）した大槌湾＝ 2016 年 12 月、国際沿岸海洋研究センターより撮影

膨大(ぼうだい)な量の海水を運ぶ

日本の近くを流れている海流でもっとも大きい海流は、「黒潮」です。その次に大きい海流は、「親潮」です。皆さんの中にも、これらの海流の名前を聞いたことがある人がいるでしょう。

黒潮は北半球最大

黒潮は地球の北半球では最大、南半球も入れた世界全体では2番目に大きい海流です（ちなみに世界最大は、南極の周りを流れている海流です）。黒潮が運ぶ海水は栄養分が少なく、海水が青黒く澄んで見えるために、「黒潮」と名付けられました。実は、黒潮が運ぶ海水は図の黒い矢印のように、北太平洋の中の南側半分を、広大にぐるっと時計回りに流れています。そして、その広大な流れのうち、日本の近くを流れている部分だけが「黒潮」と呼ばれています。

親潮は反時計回り

親潮は、黒潮よりは流れが弱いですが、栄養が豊富でたくさんの生き物を育てているので「親潮」と名付けられています。親潮が運ぶ海水も図の緑色の矢印のように、北太平洋の中の北側半分を黒潮と同じように広大にぐるっと、ただし、時計とは反対回りに流れています。そして、やはり日本の近くを流れている部分だけが「親潮」と呼ばれています。東北地方の太平洋側（岩手県の沿岸など）は、この親潮の勢力が強いことが特徴です。

黒潮の流れの速さは秒速1㍍以上です。人が歩く速さと同じくらいか、それよりも早い流れです。親潮の速さは、黒潮の半分くらいです。どちらも、海の流れとしては、かなり速いほうです。

北上川の14万倍

ところで、海流のすごいところは、川に比べると驚くほどに膨大(ぼうだい)な量の水を運んでいることです。例えば、黒潮が運ぶ水の量は、東北地方で最

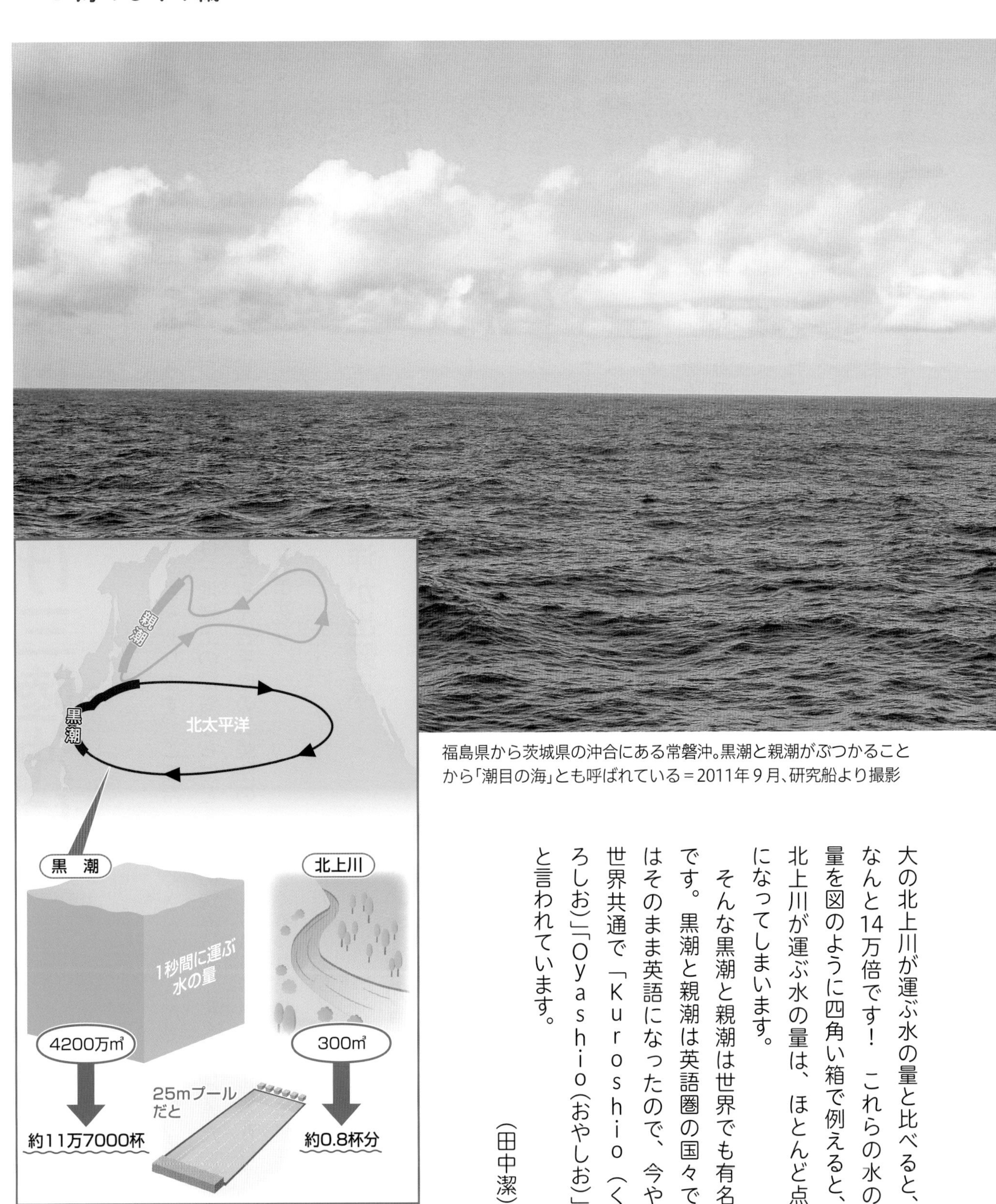

福島県から茨城県の沖合にある常磐沖。黒潮と親潮がぶつかることから「潮目の海」とも呼ばれている＝2011年９月、研究船より撮影

大の北上川が運ぶ水の量と比べると、なんと14万倍です！　これらの水の量を図のように四角い箱で例えると、北上川が運ぶ水の量は、ほとんど点になってしまいます。

そんな黒潮と親潮は世界でも有名です。黒潮と親潮は英語圏の国々ではそのまま英語になったので、今や世界共通で「Kuroshio（くろしお）」「Oyashio（おやしお）」と言われています。

（田中潔）

深海の海水

1500年以上かけ三陸沖に

地球の上に大きく広がっている海の深いところ「深海」。海の中でも特に1000㍍より深い場所を言います。どのような海水が流れているか知っていますか？

水温は4度以下

もし地球全体で海の底をならして平らにすると、図1のように、海の深さ（海底の平均水深）はおよそ3800㍍となります。富士山の高さ（標高）は3776㍍なので、富士山が一つ分まるまる沈んでしまうくらい深いですね。海面から深さ1000㍍くらいまでは、海の世界の中では暖かい海水が流れています。黒潮や親潮などが強く流れているのも、この部分です。反対に、1000㍍より深い「深海」には、水温が4度よりも低い、とても冷たい海水がたくさんあります。この冷たい海水は、地球上の深海ならばどこでも、もちろん岩手県の三陸沖の深海にもあります。

北大西洋が出発点

深海には、なぜそんなに冷たい海水が、とてもたくさんあるのか？その答えのヒントは、冷たい海水がどこから流れて来ているのかに隠されています。なんと、岩手県沖の深海の海水は、日本からはるか遠く離れた北大西洋（北アメリカ大陸とヨーロッパ大陸に挟まれた海）から、深海の海流によって運ばれてきています。

図2の大きな赤い丸印の場所が、深海の海流のスタート地点です。赤い丸印の場所の海面にある海水が、冬の寒い日に冷たくなって重くなり、深海へたくさん沈み込んでいます。そして、その沈み込んだたくさんの冷たい海水が、1500年以上の年月をかけて地球をぐるっとまわって、岩手県沖の深海にたどり着いているのです。

長い旅路の果て

海水の進む速さは、一日に1㍍くらいです（ただし、この速さは平均値で、実際にはもっと速いスピードで小刻みに進んだり戻ったりする、乱れた流れが加わっています）。

そういうわけで、岩手県沖の深海に今ある海水は、実は今から1500年以上も前に、長い長い深海の旅路をスタートしました。今から1500年前といえば、日本では聖徳太子が生まれた年（西暦574年）より少し前のころですね。

（田中潔）

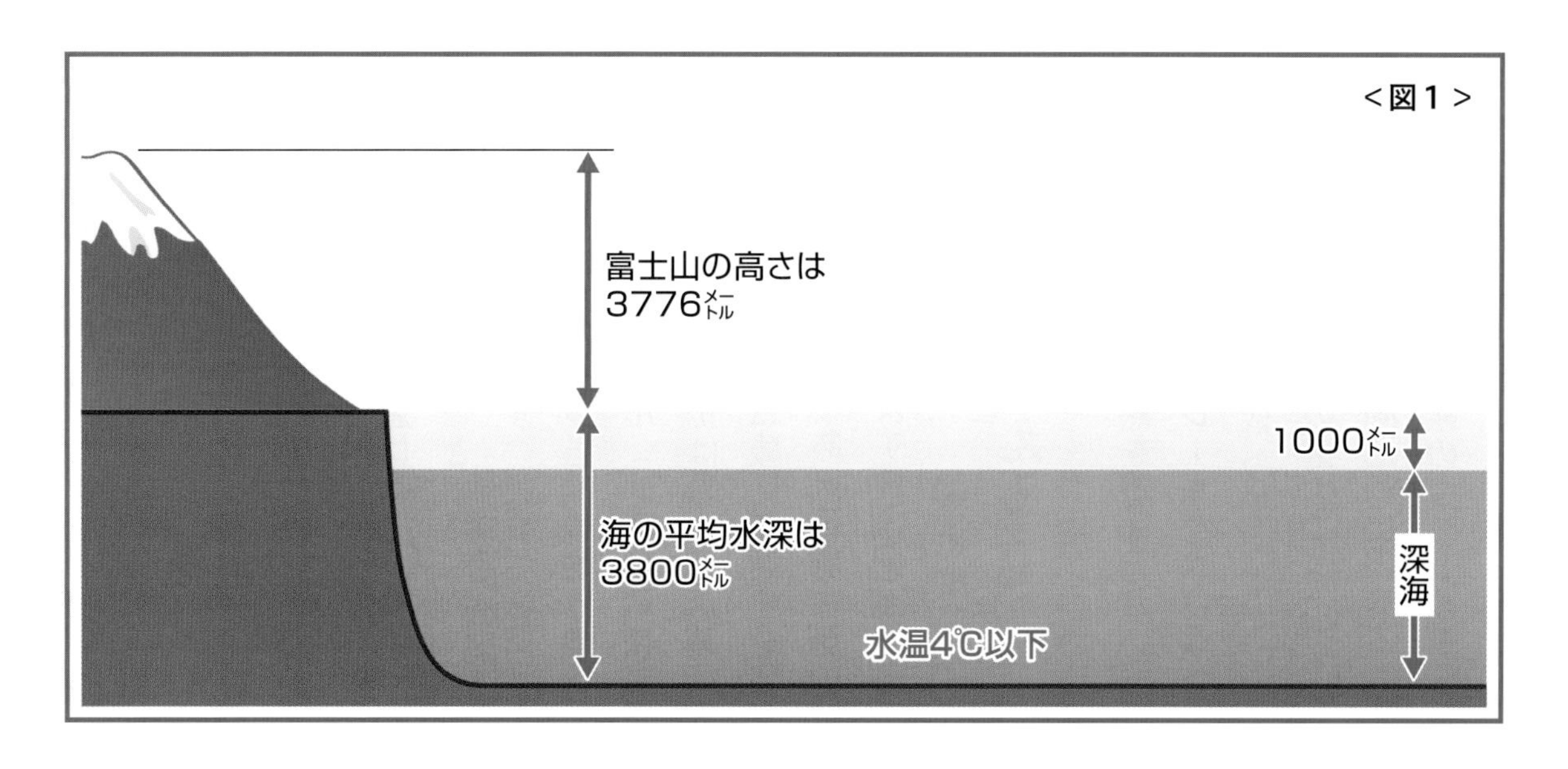

＜図1＞
富士山の高さは
3776メートル
1000メートル
海の平均水深は
3800メートル
深海
水温4℃以下

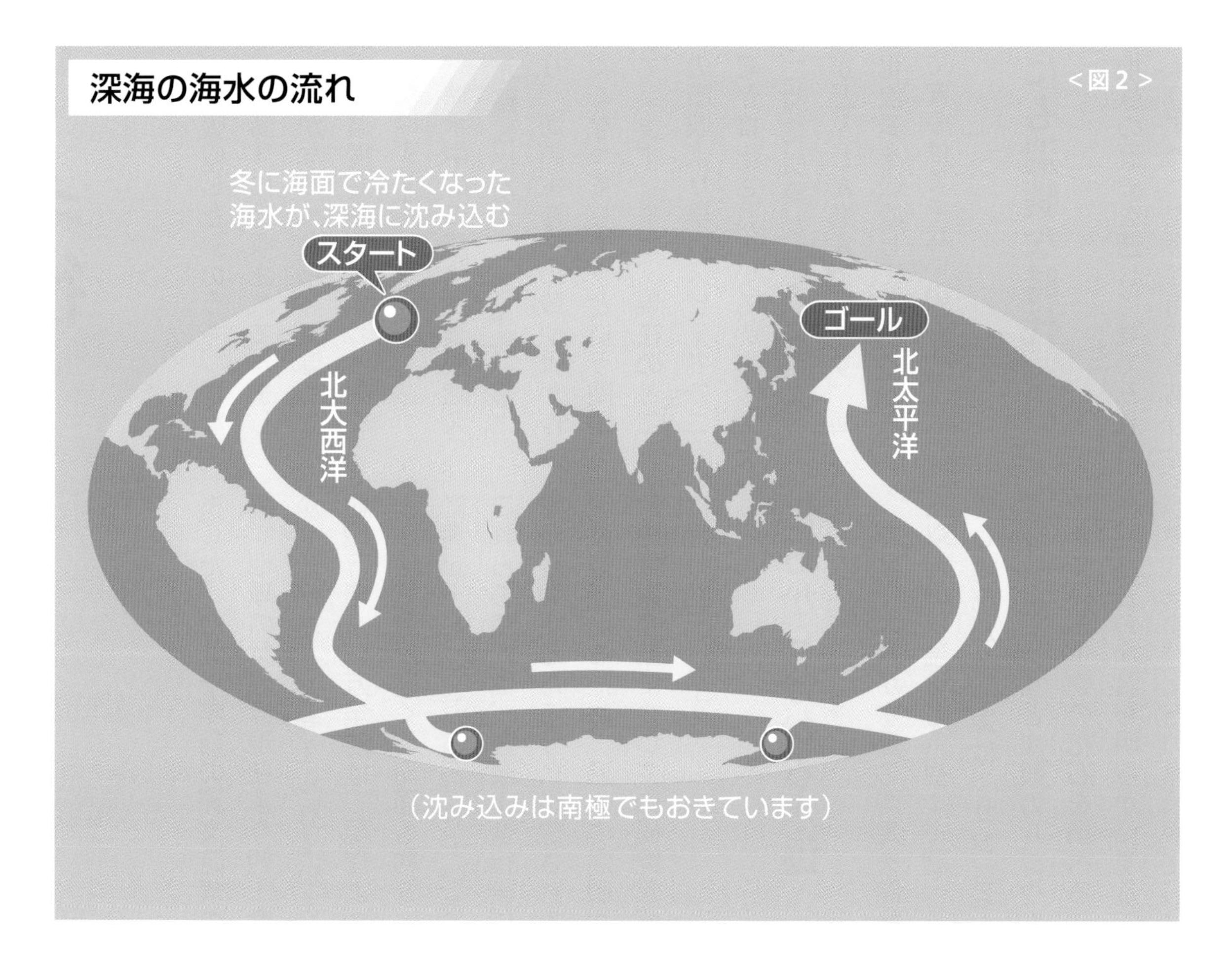

深海の海水の流れ
＜図2＞
冬に海面で冷たくなった
海水が、深海に沈み込む
スタート
北大西洋
ゴール
北太平洋
（沈み込みは南極でもおきています）

地球温暖化のブレーキ役

「昔と比べて暖かくなってきた気がする」と感じることはありませんか？　地球の平均気温は約100年間で1度高くなったことが気温の測定から分かっています。世界中の気候研究のプロが集まった「気候変動に関する政府間パネル（IPCC）」の報告書では、温暖化は人類による温室効果ガス（主に二酸化炭素＝CO_2）の放出が原因である可能性が高いと結論づけています。

CO_2と熱を蓄える

海は二酸化炭素と熱を蓄えるという、地球温暖化にブレーキをかける大きな二つの役割を持っています。海洋は大気の約50倍の量の二酸化炭素を蓄えていて、人間活動によって放出された二酸化炭素のうち3割を溶かして吸収しました。また、温室効果ガスが吸収した熱のうち、かなりの部分が海洋に吸収されてきました。もし海がなかったら、気温も二酸化炭素の濃度も今よりずっと高くなっていたはずです。

一方、海水中の二酸化炭素が増えると海が酸性になる「海洋酸性化」がおこり、海の生き物の殻や骨が作られにくくなってしまうという問題もおきています。また、現在のところ、海の吸収より早いスピードで二酸化炭素が排出されているので、大気中に二酸化炭素がたまっていき、温暖化がどんどん進んでいます。海が二酸化炭素を吸収してくれるからといって安心はできないのです。

過去にも温暖な時代

長い地球の歴史を通して見てみれば、今よりずっと温暖な時代もありました。約7千年前の縄文時代の中頃、地球の気温は現在より約1度高かっただろうと考えられています。約12万年～13万年前は、現在より2～3度気温が高く、海面も約5～10m高かったことが知られています。これらの時代は、温暖化進行後に地球が経験するだろうと予想される環境に似ているため、過去の温暖な時代の気候変動についての研究が盛んに行われています。

化石から分かる水温

では、人類が水温の測定を開始した以前の水温はどうやって調べるのでしょうか？　実は、サンゴや貝、プランクトンなど炭酸カルシウムでできている生物の化石を調べることで、過去の水温を明らかにすることができます。化石の種類や化石に含まれる微量な成分を分析すると、何年前に生きていた化石なのか、その時の水温がどれくらいだったのか、どんな環境だったのかなど、いろいろな情報を明らかにすることができるのです。今より地球が暖かかった時代の化石を調べることで将来の地球環境のヒントが得られます。人間が水温を計り始めるよりずっと前から、海の生物たちは地球環境を記録し続けてきたのです。

（白井厚太朗）

世界の平均地上気温の変化予測

温室効果ガスが高排出の場合
1986～2005年の平均との差
温室効果ガスが低排出の場合
観測値
6.0
4.0
2.0
0.0
-2.0
℃
1950年
2000
2005
2050
2100

（出典・ＩＰＣＣ第５次評価報告書と気象庁）

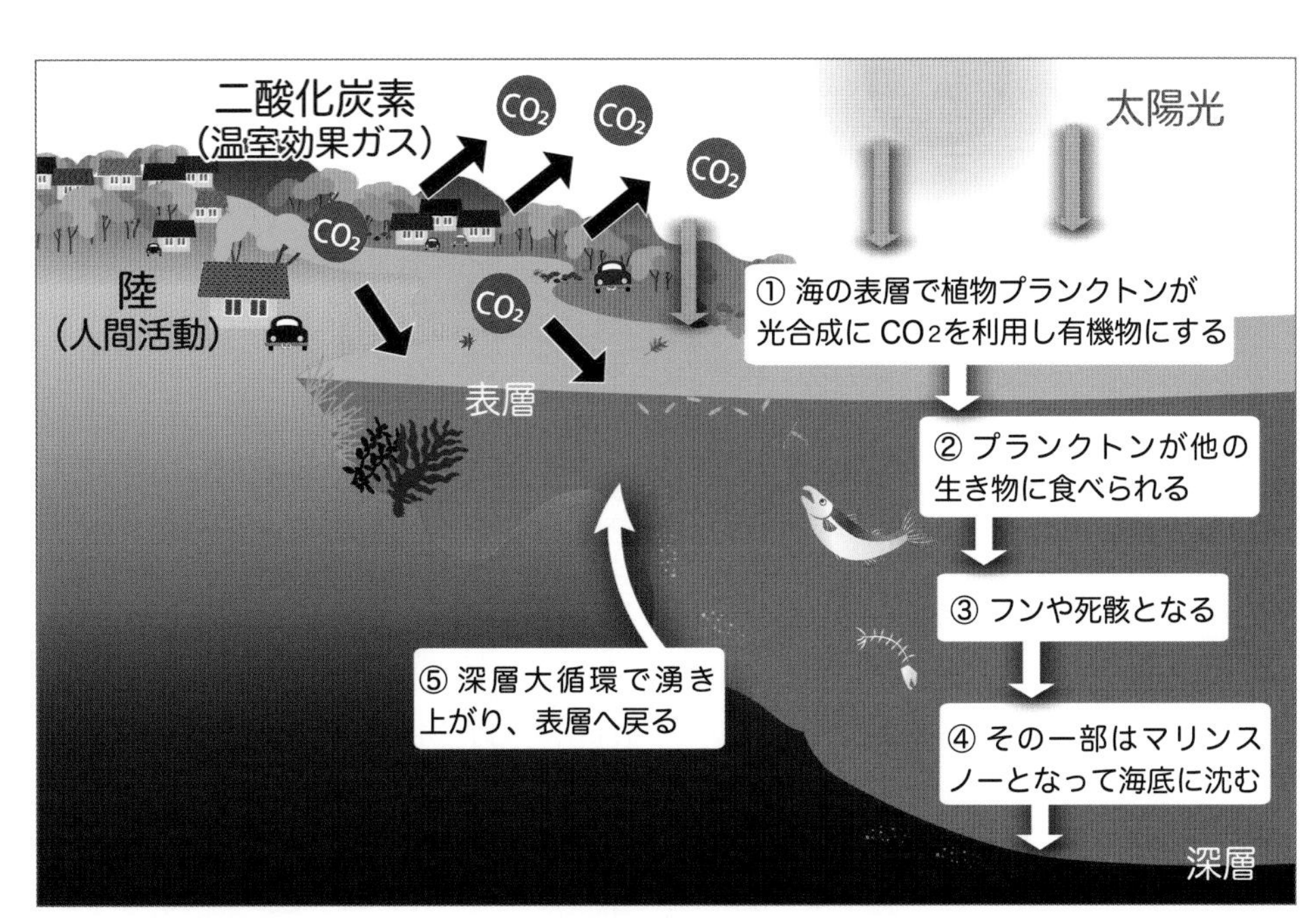

海洋は地球温暖化のブレーキ役として貴重な役割を果たしている

原核生物

５千メートルの深海でも生存

海の深いところにひろがる「深海」。潜水艇（せんすいてい）が撮影した暗い静寂（せいじゃく）の世界や、そこにすむ風変わりな生き物の映像を見たことがある人も多いでしょう。では、この真っ暗な深海の「豊かさ」について考えてみたことはありますか？

大腸菌や乳酸菌の仲間

私たちを含む動物の食べ物は、一部の微生物だけが利用できる化学物質を除けば、すべて植物が太陽の光を利用して作りだしたものにたどりつきます。海の中に入った太陽の光は急激に弱まるため、植物が生きていけるのは、最も深くても１５０メートル程度までの浅い場所に限られます。地球上の海の平均水深は３８００メートルですから、海の中のほとんどの部分は植物の実りがない世界といえます。

このため深い海にすむ生き物は浅いところへ餌（えさ）を取りに泳いで行かない限り、上から降ってくるものに頼らざるを得ません。上から降ってくる食べ物は貴重なものですから、水深が深くなるほど、降ってくる食べ物はどんどん少なくなっていきます。そんな深い海の中の様子を、地球表層のあらゆる環境で見られる単細胞の原核（げんかく）生物（私たちのおなかの中にいる大腸菌や乳酸菌もその一種です！）を例に見てみましょう。

細胞分裂は数年に1回

図は海水に含まれる原核生物の数を深さ約5千メートルまで示したものです。表面付近では1ミリリットルあたり約１００万もいた原核生物が、５００メートルほど潜ると10分の1程度にまで減ってしまい、5千メートルではさらに減って、わずか2～3万となってしまいます。

彼らが細胞分裂によって増える速さも深さによって大きく異なり、さまざまな種類のものを平均すると、海の表面では一つの細胞が数日から2週間ほどで新たな細胞を一つ生み出すのに対して、約５００メートルでは数カ月に一回、5千メートルで数年に一回にまで減少します。ここで人の腸内細菌の数は腸内物1ミリリットルあたり１００億から１０００億、早いものでは10分程度で1回分裂すると言われていますから、海がいかに厳しい環境であるかがよくわかります。

彼らがいない海はない

そんな海の中でも特に資源の乏（とぼ）しい深海ですが、原核生物に限ってい

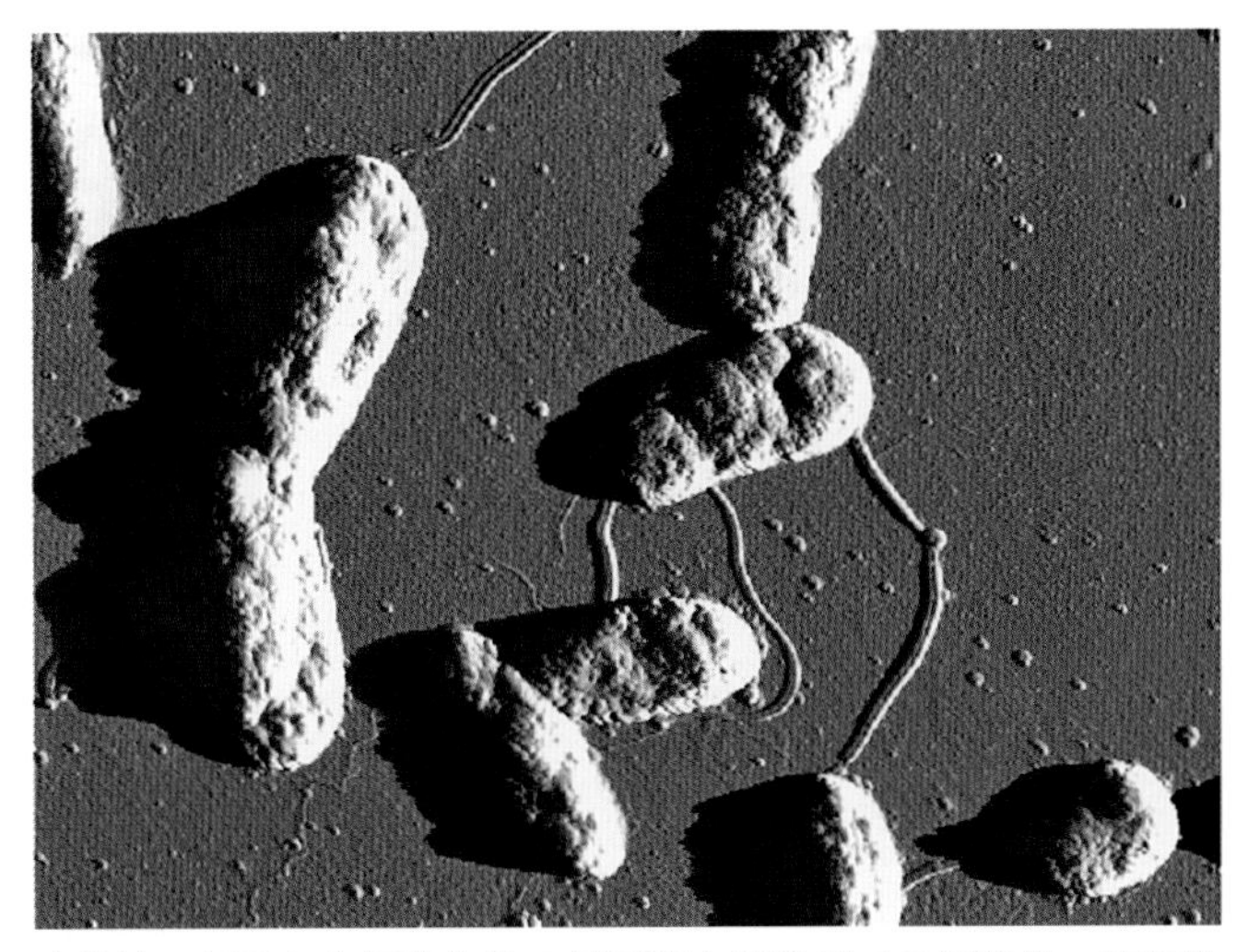

大槌湾で採取した原核生物の原子間力顕微鏡での観察像。原核生物は単細胞の生物で、鞭毛（べんもう）をもっているものも見られる。画像の横幅の長さは100分の1ミリメートル
（沖縄科学技術大学院大学・山田洋輔博士提供）

深海の水をくみ取るための「カルーセル採水装置」。24本の灰色の容器を回転木馬のように取り付けたもので、計300リットルの海水をくむことができる。採水器の上げ下げはクレーンで行う

えば、北極海や南極海の深海、酸素が乏しい貧酸素の海、海底から熱水が噴出しているところ、そのいずれからも原核生物の存在は報告されています。彼らすらいない海は今のところ報告されていません。食べ物の乏しい過酷な環境であっても、生き物たちはさまざまな方法で食べ物を集め、時に非常に長い世代時間をかけてゆっくりと生活しているのです。深海にすむ原核生物たちにとっては、あっという間に生まれ、死んでいくことを繰り返す、腸内細菌たちの方が奇妙な存在なのかもしれません。

　今度、潜水艇の撮影した映像を見るときには、風変りな生き物の姿やその行動だけでなく、深海という世界がもつ「豊かさ」にも思いを馳せてみてください。

（福田秀樹）

海水1ミリリットルの中にいる原核生物の数

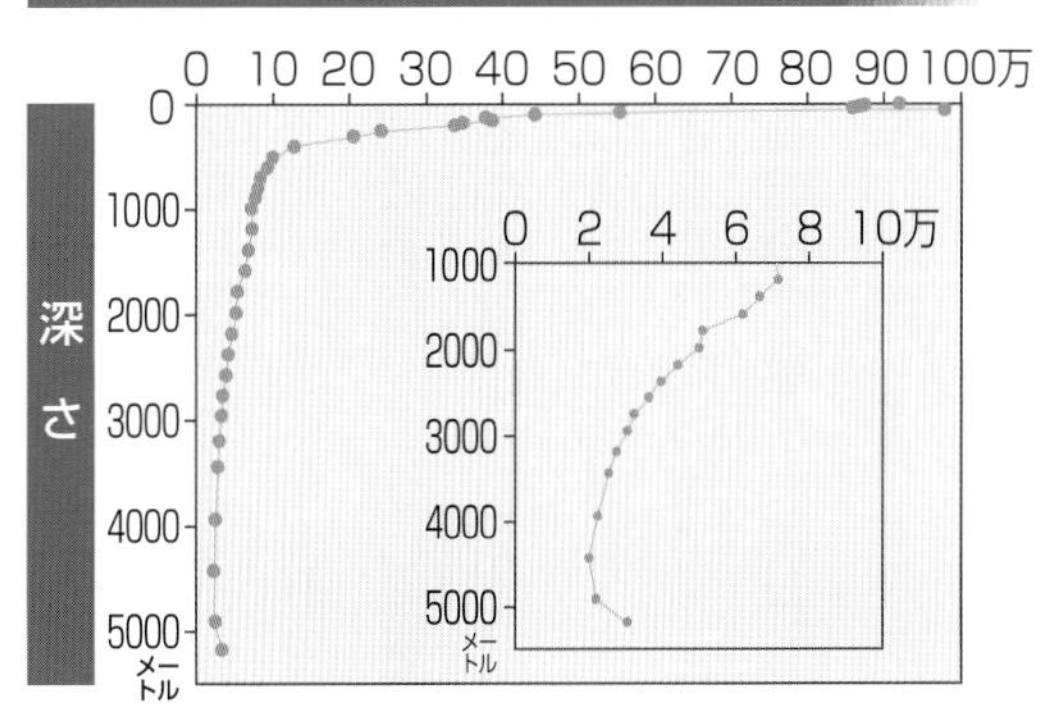

原核生物の分布の一例
（三陸の沖合、約1700キロメートル、水深5280メートルの地点）。小さなグラフは1000メートルより深いところだけを拡大したもの

「肥料」となる窒素・リン

海にも肥料があることをご存じですか？　野菜やきれいな花をたくさん育てたい時にまく、あれです。生き物のからだとなったり、ふたたびその材料となったりしながら、海をめぐる「元素」についてお話します。

生き物のフンや死がい

海の中にもそこで生きる生き物の量を決める成分があります。畑や花壇と同様、環境中に不足しがちな「窒素」と「リン」がその主役です。「肥料の三大要素」といわれるものの残り一つ、「カリウム」は？　と思われた方もあるかもしれません。カリウムももちろん生き物の体に欠かせないものですが、海水にはカリウムが豊富に溶けているので、不足することはほとんどありません。

これらのほか、生き物を形作るために必要な成分で、水に溶けているものをまとめて「栄養塩類」と呼びます。つまり、「海の肥料」です。これらは陸上での生き物の営みと同じように、生き物から尿として排出されるほか、生き物のフンや死がいなどが、原核生物などの微生物に分解されることで作り出されています。

深い海や海底の泥の中

体重70キログラムの人のからだの材料となる元素は、多いものから順に、酸素が約46キロ、炭素が約13キロ、水素が約7キロ、窒素が2キロ、カルシウムが約1キロ、リンが約1キロです。これらで約99%が占められ、そのほかの微量な成分が加わります。人でも窒素とリンが重要な要素であることがわかりますね。

我々は食べ物を通じて、これらの元素をからだに取り入れていますが、その食べ物のもとをたどれば、すべて植物が水や空気から取り出した成分に行き着きます。海の場合は、植物プランクトンや大型の海藻をはじめとする植物が、海水から集めた「栄養塩類」であったものです。

では栄養塩類はどこにたくさんあるのでしょう？　生き物のフンや死がいが分解されてできる栄養塩類は、やはりそれらの沈んでいく先である海の深いところにある水や、海底の泥の中に溜まります。水温や風の影響で海が大きくかき混ざりやすい寒い地域では、こうした深いところにある栄養塩類が「かき混ざり」とともに光が当たる浅いところへ運ばれてきます。北の海でかき混ぜられた栄養塩類の豊かな水が、親潮として三陸沿岸部にもやってきます。

海にも季節の移ろい

一方、陸上の土の間を流れてきた雨水も、豊富に栄養塩類を含んでいます。これらは川を通じて海に注ぎ込まれます。このため、三陸沿岸部の植物プランクトンの量は、夏場には川の流れ込むあたりで多くなりますが、親潮がやってくる2月～4月には川に近いところに限らず、いたるところで多くなり、1年の中でのピークを迎えます。この植物プランクトンの大増殖は、英語で「開花」、「花盛り」を表すことばである「ブルーム」と呼ばれており、海に春の到来を告げるものとなっています。

その時期に目を凝らして海を見てみれば、桜のような華やかな色合いではありませんが、普段（ふだん）よりも海が茶色くにごっているのを感じることができるかもしれません。その時は、はるか北の海から春を運んできた元素たちに思いを巡らせてみてください。

（福田秀樹）

5月の大槌湾の水深約5㍍の岩場。栄養塩類が豊かな時期に大きく成長したさまざまな大型の海藻が、森のように広がっている

大槌湾の同じ岩場の11月の様子。栄養塩類の少ない夏場、ワカメなどの一年生の海藻のなかには、小さなからだで過ごすものもあるため、藻場（もば）の様子は一変する

カイアシ類は「海の米」

みなさん、プランクトンと聞いて何を思い浮かべますか？　教科書に登場する淡水性のミジンコやゾウリムシがよく知られていますが、海にも莫大(ばくだい)な数のプランクトンが生息しています。プランクトンの多くは顕微鏡でしか見ることの出来ないとても小さな生き物なので、魚や貝と比べるとなじみがないかもしれません。しかし、プランクトンは海の生態系を支えるとても大切な役割を持つ生き物なのです。

語源は「漂うもの」

ではプランクトンとはどのような生き物なのでしょうか？　プランクトンという言葉の語源は「漂うもの」という意味のギリシア語で、学問上は「遊泳力が小さく、水の流れとともに漂う生物」と定義されています。

つまり、プランクトンとは、特定の種類や大きさの生き物を指す言葉ではなく、水中での生活の仕方によって生き物を分類したときに使う言葉なのです。ですから、プランクトンには、大きさ数ミクロン（1ミリの千分の一）のバクテリアから1メートルを超えるクラゲまで含まれることになります。ちなみに日本語では「浮遊生物」と呼ばれます。

プランクトンは、大きく植物性と動物性に分けることができます。植物プランクトンは、基本的に単細胞性で、細胞の大きさは数ミクロンから100ミクロン程度です。陸上の草木と同じように、太陽の光と水、そして水の中の二酸化炭素と栄養分から有機物を作り出します。海の植物というとワカメやコンブ、アマモが一般的ですが、これらは岸近くのごく浅い海にしか生えることが出来ません。

一方で、植物プランクトンは、光が十分に届く深さであれば海のどこにでも分布しています。地球表面の7割を占める広大な海では、植物の主役はプランクトンなのです。

エビやカニと同じ仲間

この植物プランクトンを食べて生活しているのが動物プランクトンです。海の動物プランクトンにはたくさんの種類が含まれており、大きさや形もさまざまです。その中でも、カイアシ類（コペポーダ）と呼ばれる仲間が最も多く出現します。

カイアシ類は、エビやカニと同じ甲殻類の仲間で、大きさは1ミリ程度です。三陸沿岸では春にカイアシ類が大量に出現し、その数は海水1リットルあたり100匹ぐらいになることもあります。バケツで海水をくんで目を凝らしてみると、カイアシ類の泳ぐ姿を見ることができるかもしれません。

食物連鎖をつなぐ

このカイアシ類は「海のお米」に例えられることがあります。カイアシ類は植物プランクトンを活発に食べ、自分自身は魚に餌（えさ）として食べられます。春に川から海へ下ってきたサケの稚魚も、沿岸でカイアシ類をたくさん食べてから外洋へと乗り出していきます。

つまり、カイアシ類は魚にとっての主食（日本人にとってのお米）であり、植物プランクトンから始まる海の食物連鎖をつなぐ大切な働きをしています。そして、魚を食べる私たち人間の食卓を支えてくれる頼もしい存在なのです。（西部裕一郎）

さまざまなカイアシ類

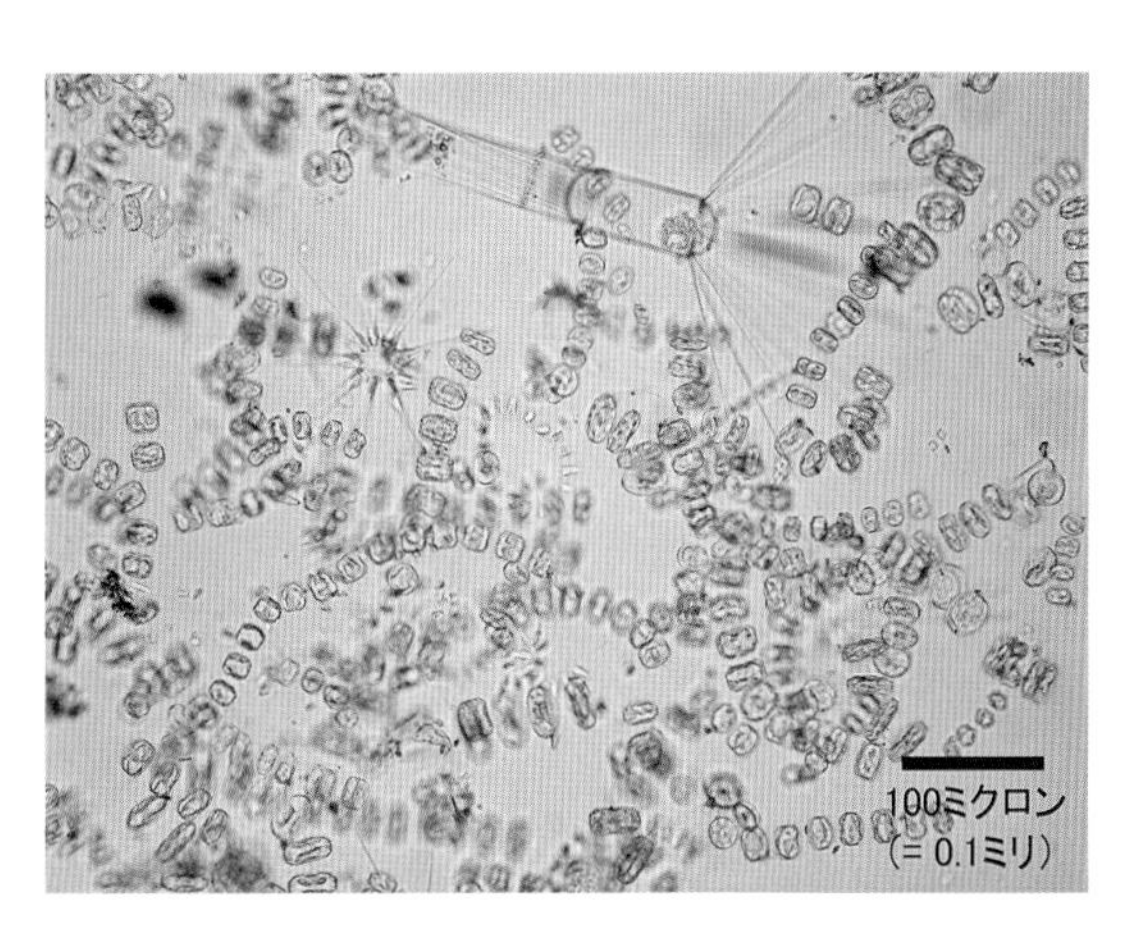

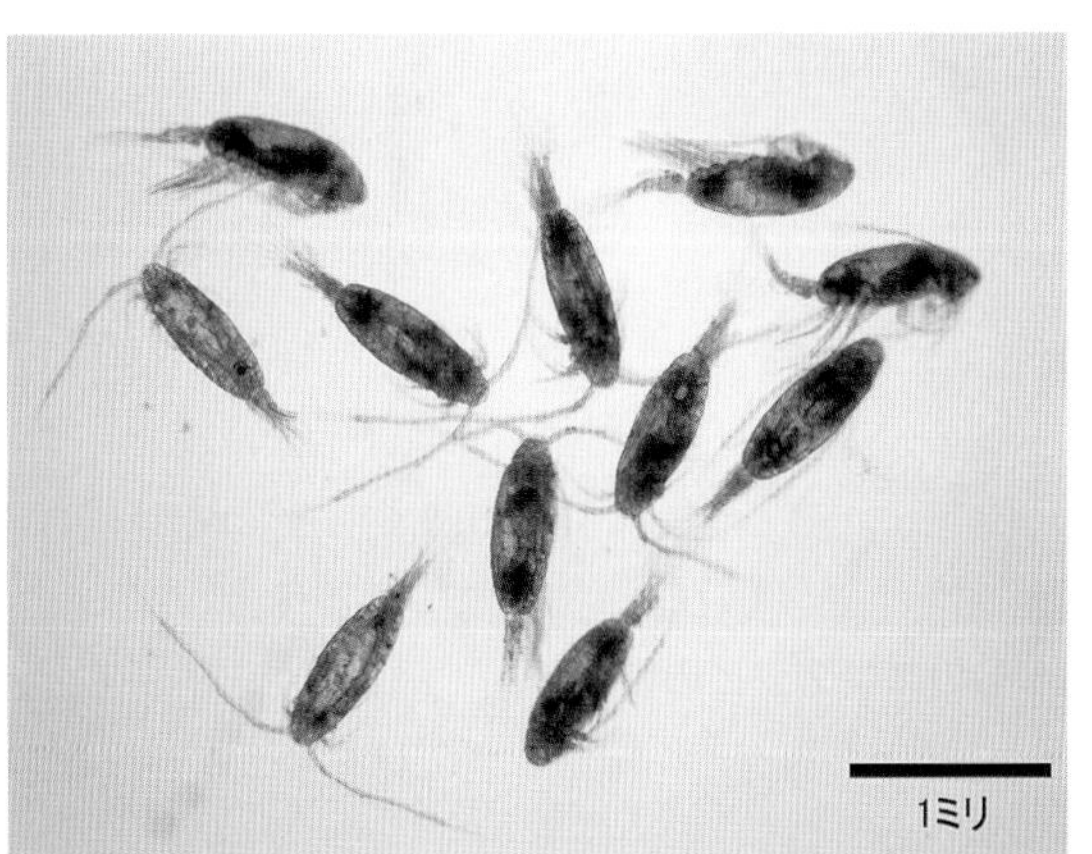

写真上は三陸沿岸で採集された植物プランクトン。写真下は動物プランクトン（カイアシ類）

ミクロの視点

体長1ミリはどんな世界？

突然ですが、特撮ヒーロー、ウルトラセブンの「悪魔の住む花」というエピソードをご存じでしょうか。人に感染した宇宙細菌を退治するため、普段は巨大化して怪獣と戦うウルトラセブンが、なんとミクロ化して人体に入るという異色のお話です。ここで注目したい点は、相手のサイズと同じになるということです。

数え切れない生物

三陸沿岸では、コンブなどの海藻が茂る藻場（もば）という環境が、浅い海底の岩場に広がっています。そこにはアワビ（エゾアワビ）やウニ、そしてアイナメなどの生き物が数多く暮らしています。しかし、その何十倍、何百倍、ときには何千倍もの数ですんでいるのが、数センチに満たない小さな貝やカニといった動物たちです。

岩の小さなくぼみに付着する約5ミリのエゾアワビの稚貝

この中には、大きな動物の子どももいれば、大人になっても数センチのものも含まれます。

アワビの子どもは、1ミリ未満のサイズで海底での生活を始めます。海底の石や海藻の上には、アワビの子どもも含め、小さな生き物たちがたくさん暮らしているのです。

遥（はる）かな山脈と深い谷

では、ウルトラセブンのように、体長1ミリのアワビと同じ大きさに変身して三陸の海の底に降り立ってみましょう。石がごろごろする海底は、ミクロ化したあなたには遥(はる)かな山脈と底の見えない深い谷の連続になっています。すっかり天を覆(おお)う巨大なコンブが、波に激しく揺れています。あなたの周りには、いろいろな生き物がうじゃうじゃ歩いています。その右側の貝のような生き物は、今、あなたが食べようとした海藻を狙っているのではありませんか?

あっ、あの岩陰から巨大なはさみを持ったカニが現れました! 危ない!……。

日常とは違う基準

こう書いてしまうと、アワビの子どもたちが見ているであろう世界は何とも恐ろしいものです。ただ、ミクロの視点で考えれば、アワビの研究には、彼らがどこでどんな生き物と暮らし、それらとえさを巡る競争や、食う食われるの関係があるのかなどを理解することが重要であると分かりますね。

みなさんも、日常とは違う大きさの基準で周りを見てみると、面白いことに気づけるかもしれませんよ。

(早川淳)

大槌湾の磯(いそ)から採集された小さな貝類。まだ子どもの貝もいれば、この大きさで大人という貝もいる

黒い点線の内側にいるのが殻長(かくちょう)4~5ミリ程度のアワビの子ども(稚貝)。彼? 彼女? には右にいるサンショウガイの仲間(黄色い矢印、6ミリぐらい)や左にいるアオスジヒザラガイ(青い矢印、1センチぐらい)もとても大きく見えている

「地球史」刻む三陸ジオ

三陸に広がっている海は、地球誕生から劇的な変化を経験して現在に至っています。海が生まれて現在までどのような歴史をたどってきたのかをギュッとまとめてみました。

35億年前には海に生命

●始生代・原生代　地球が誕生したのは、およそ45・5億年前のことです。誕生直後の地球はマグマにおおわれていました。マグマから発生する水蒸気とガスが冷えて塩酸の雨となって地表に降り注ぎ、地球を冷やしていきました。ある程度地球が冷えた38億年前に海は誕生しました。最初の生命が誕生した時期や環境は諸説ありまだ完全には解明されていませんが、35億年前には既に生命が海に存在していたと考えられています。ただ、当時の地球はまだ酸素がなく、海の様子は現在とは大きく違っていました。

岩手にも中生代の地質

●古生代　現在の海でよく目にするような生命が誕生したのは、約5億年前のカンブリア紀におきた「生命の大爆発」とよばれる時期になります。三葉虫、オパビニア、アノマロカリスなど、目や固い骨格を持つ動物が繁栄しました。原始的な魚も約4～5億年前のオルドビス紀とシルル紀に誕生しました。大船渡にはこの時代の三葉虫など、海の生き物の化石を見つけられる場所があります。

●中生代　岩手県東部にはシルル紀、ジュラ紀、白亜紀などのはるか昔（5億～1億年前）の海底が地殻変動で陸に持ち上がった地質が広がっています。ジュラ紀、白亜紀といえば恐竜の時代です。岩手県のそれらの地層からはアンモナイトや恐竜などの化石が発掘されることもあります。

現在は間氷期

●新生代　その恐竜の時代も白亜紀の最後、６５００万年前の巨大隕石の衝突による大量絶滅により終わりを告げ、主役は哺乳類（ほにゅう）に交代します。ヒトのなかまは約４００万年前には直立歩行をしていたと考えられていて、われわれの直接の祖先はアフリカで約20万年前に誕生したと考えられています。この時代は寒い氷期と温かい間氷期が約10万年周期で入れ替わっていました。そして、最後の氷期が終わり温かくなった約1万5千年前から人類の分布は急激に拡大しました。

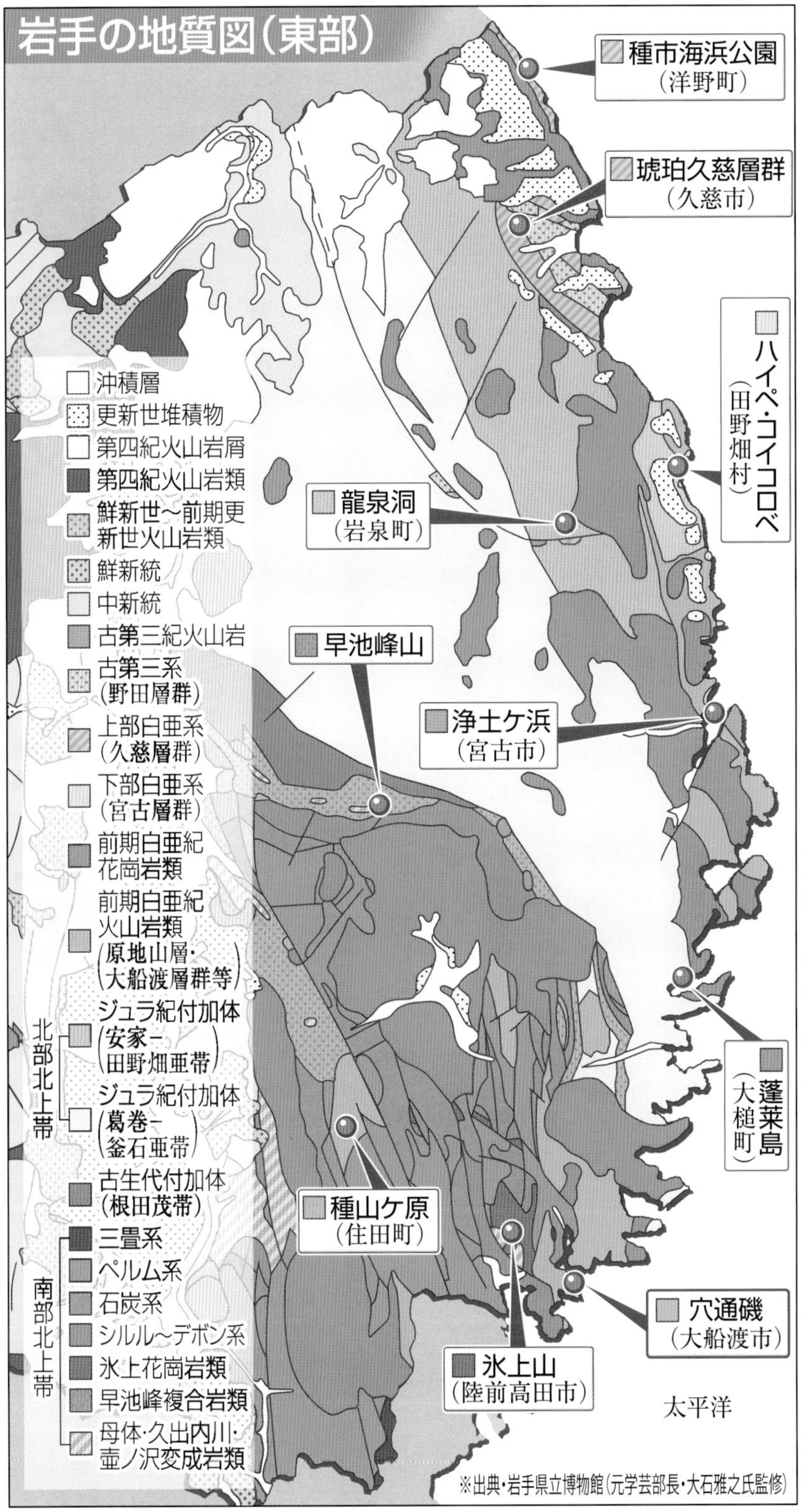

岩手の地質図（東部）

※出典・岩手県立博物館（元学芸部長・大石雅之氏監修）

岩手県にも縄文時代（約1万5千年前〜3千年前）の遺跡がたくさんあります。遺跡には昔の人のゴミ箱である「貝塚」というものがあります。海の貝の殻でできた貝塚が、標高が高い場所や海から遠い内陸にあったりするのは、温かかった時代に、海面が高く内陸側まで海が広がっていた時代のなごりです。

そして現在は最後の間氷期にあたります。三陸にはダイナミックな地球の歴史を体感できる自然の造形がたくさんあり、「三陸ジオパーク」として日本ジオパークに認定されています。岩手県に残されている過去の海の痕跡は、地球の激動の昔話を語ってくれるのです。

（白井厚太朗）

どんな「注文」にも応える

現在、大槌町の国際沿岸海洋研究センターでは、主に3隻の調査船を用いて活動を行っています。一番大きなものは全長14㍍、定員20人の「弥生」、そして小さな船の「グランメーユ」と「エスペランサ」です。グランメーユはフランス語で、エスペランサはスペイン語で「大きな槌」、「希望」という意味です。

サンプルやデータ収集

ここでは、海洋研究の最前線にある調査船の船長や乗組員の仕事について紹介します。調査船の役割は海洋科学研究のためのサンプルやデータを集めることです。具体的には、乗船する研究者の目的によって、生物や海水、海底の泥などを採集したり、さまざまな場所で水温や塩分を測定したりします。海中ロボットを投入して海の中を観察したり、長期にわたって環境変化を記録する機器を海中に設置したりする作業なども行います。

ですから、調査船の運航に関わるわれわれは、漁網から最新のコンピューターを搭載した観測機器まで、実にいろいろな道具の取り扱いに習熟する必要があります。時には、安全かつ確実に観測できるよう研究者にアドバイスしたり、機器を改良したりもします。

風が強い大槌湾

研究者は観測のため、事前に十分な計画を立て、準備を行います。でも天候によっては、予定通りに出港できないこともあります。安全に航行・観測が行えるかどうかを判断するのは、船長の最も重要な仕事です。研究者の熱意やそれまでの努力を考えれば、ぜひ観測を実施したいところですが、海を甘く見ることは許されません。研究者のすがるような視線を振り払い、観測中止を決定せざるを得ないこともたびたびです。

大槌湾には風が強いという特徴があります。特に冬場、朝は穏やかでも、午後なると陸から吹く西風が急速に威力を増します。これにつかまると、安全に帰港することが難しくなります。ですから、冬場は早く出港して、早く戻ることが鉄則です。しかし、観測を始めれば予期せぬトラブルも発生します。なんとか問題を解決して、「さて、これから観測だ！」と張り切ってみたものの、時計をみてギョッとします。こうなると、「西風吹くな、西風吹くな」と呪文のように唱えながら、手際よく調査を進めるしかありません。

子どもたちの「赤浜丸」

調査船から見ていると、震災後、海辺に子どもたちの姿が減ったと感じました。そして現在では、それが当たり前の光景になっています。

しかし、つい先日の大槌湾での調査の折、遠くの海面に不自然に浮いている何かが目に入りました。気になったので、観測を終えて港へ戻る途中、改めて確認してみると、それは小さな木切れで組み立てられた筏(いかだ)のようなものでした。その船体には、子どもらしい弾むような文字で「赤浜丸」（センターの住所が大槌町赤浜です）と書かれ、その下に数名の子どもたちの名前が並んでいます。間違いなくセンターと同じ地区に住む子どもたちの作品です。いったい彼らがどんな想いでこの船を作り、海に浮かべたのかはわかりません。でも、あれから10年がたって、ようやく子どもたちが海に戻ってきてくれたようで、なんだかとってもうれしくなりました。（平野昌明、鈴木貴悟）

大槌湾で見つけた「赤浜丸」。子どもたちの名前が記されていた

地引き網調査で活躍するグランメーユ号。フランス語で「大きな槌」を意味する

コラム　大槌高校「はま研究会」

自分だけの大槌（ハンマー）を持とう！

　大槌高校は、東日本大震災で大きな被害を受けた大槌町に唯一ある高校です。震災後の急激な人口減少のあおりを受け、震災前120人程度だった入学者が2019年4月には42人まで落ち込みました。そのような中、地域復興の担い手育成における大槌高校の役割が再認識され、2018年に「地域や保護者が行かせたくなる、中学生が行きたくなる学校」を目指して、大槌高校魅力化構想会議を発足させました。

　校内および構想会議での議論の結果、魅力化コンセプトは「大海を航（わた）る、大槌（ハンマー）を持とう」に決まりました。大海は〝これから生徒たちが進む予測困難な社会〟を、大槌（ハンマー）は〝自分ならではの強み〟を意味します。

　大槌は、海と共に生きてきた地域です。そこで本校は、2020年4月に遊びや学びを通して海と関わることで、地域の良さを再認識したり、好きなこと・得意なことを深めるための〝はま研究会〟を立ち上げました。スローガンは「海で遊ぶ、海を学ぶ」です。はま研究会では、大槌湾での釣り活動を通した魚類図鑑の作成や、海洋研究所でウミガメのフンの調査やアワビの捕食痕調査のお手伝い、ハリセンボンなど普段触れることのできない魚に親しむ活動などを行っています。

　所属する生徒は46人。全校の3割強にあたり、生徒から活動への大きな期待があることが実感できます。事実、普段の授業以上に積極的に活動に参加する様子が見られ、研究者の研究に対する姿勢や、お手伝い後の雑談の面白さ（生徒談）に大いに知的刺激を受けているようです。

　はま研究会の活動を通して、海に深い愛着と興味を持つことにより、海と共に生きてきた大槌の復興・振興に寄与できる人材を育成できると確信しています。本校としては、他校にはない得難い学習機会を得られる海洋研とのつながりをさらに発展させていきたいと考えています。

（菅野祐太）

「はま研究会」の活動を通じ、海への関心を深める大槌高の生徒たち

海と生活編

天気も漁もスマホいらず

スマートフォンが普及し、今ではさまざまな気象情報がアプリを通じて入手できる時代となりました。スマートフォンを使って多くの海に関わる情報を入手する漁師も増えました。では、スマートフォンやインターネットが今よりも一般的になる前はどうしていたでしょうか。

位置を知る「ヤマタテ」

自然を相手にしてきた漁師は、日々の仕事のなかで自然に関する知識を蓄積してきました。こうした魚の生態や海について、地域の中で育まれてきた知識を「民俗知」や「在来知」と言います。例えば、漁師は自分だけにしか知らない漁場を記憶しています。現在では、GPS（全地球測位システム）に記録することで、次回以降も確実にその漁場へ向かうことができます。しかし、GPSが発達する以前は、「ヤマタテ（ヤマアテ）」と呼ばれる測位技術が重要でした。

ヤマタテはまず、自分の位置から陸側に重なり合う（手前側と奥側）2つの目印を定めます。次に、それを2方向（精度を高める場合は3方向）で行います。これらを線で結んだとき、その延長線上で重なり合う点は1点しか存在しないため、また同じ場所で漁をすることが可能になります。

また、気仙地区の沿岸地域では、「五葉つぶし」と呼ばれる言葉があります。これは、海上において陸からの距離を目測するための知識です。陸から遠ざかるに連れ目印となる五葉山は平たく見えてきます。五葉山が見えなくなる地点が沖合約70海里（1海里＝1852㍍）とされ、そこが沖合の漁場の限界とされていました。

自然をくまなく観察

このような海上で自らの位置を知る術のほかにも、漁獲量に関する民俗知もあります。例えば「大雨の年にはマダコが捕れない」（大槌町）、「いわし雲が出るとイワシがたくさん捕れる」（釜石市など）などといったものが挙げられます。このことから、その年や前年の気象状況は、その年の漁獲動向の目安を立てるために重要だということがわかります。

また、漁師にとって、安全を左右する天気に関する知識は欠かすことができません。最近では、冒頭に記したようにスマートフォンで情報を入手する漁師も多いですが、いまだに民俗知をもとに天気を読む漁師もいます。「〇

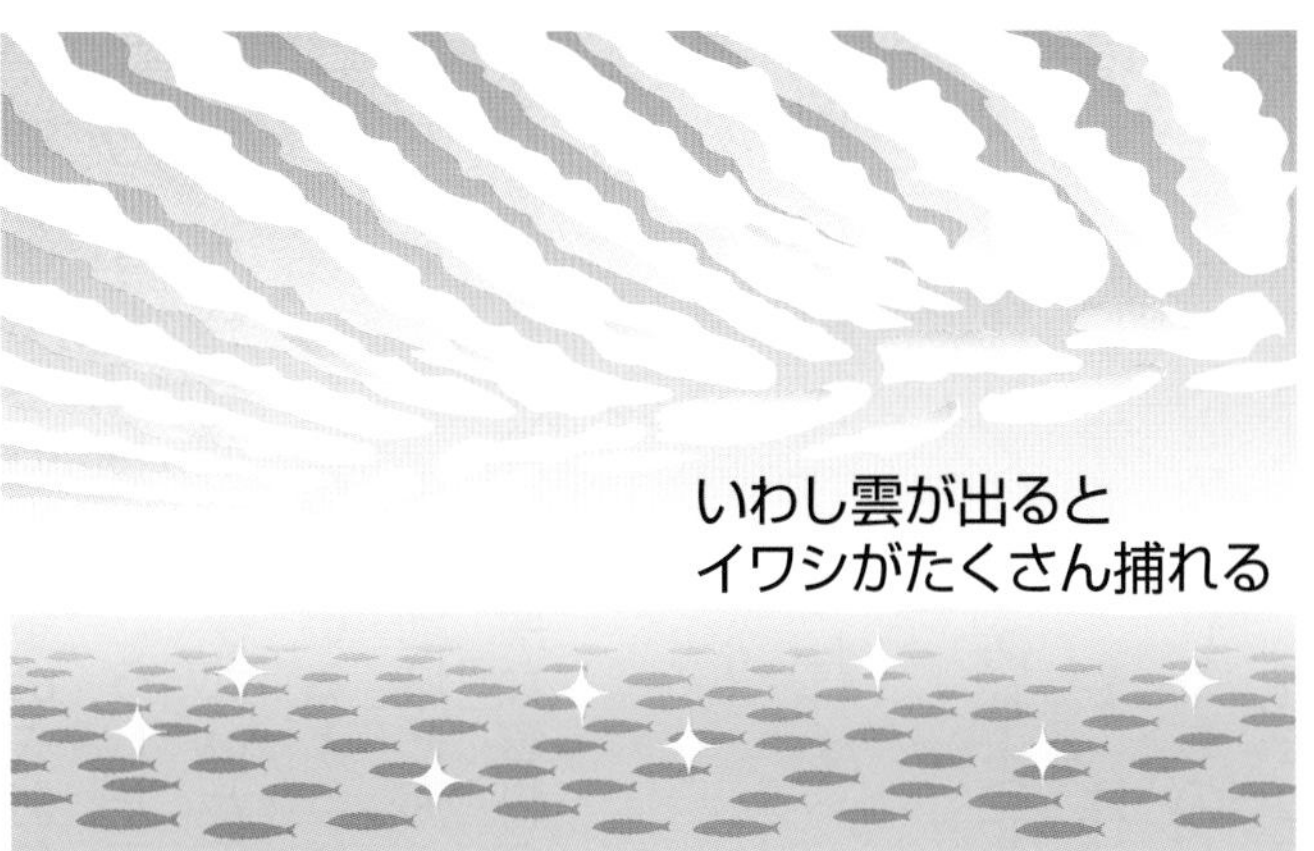

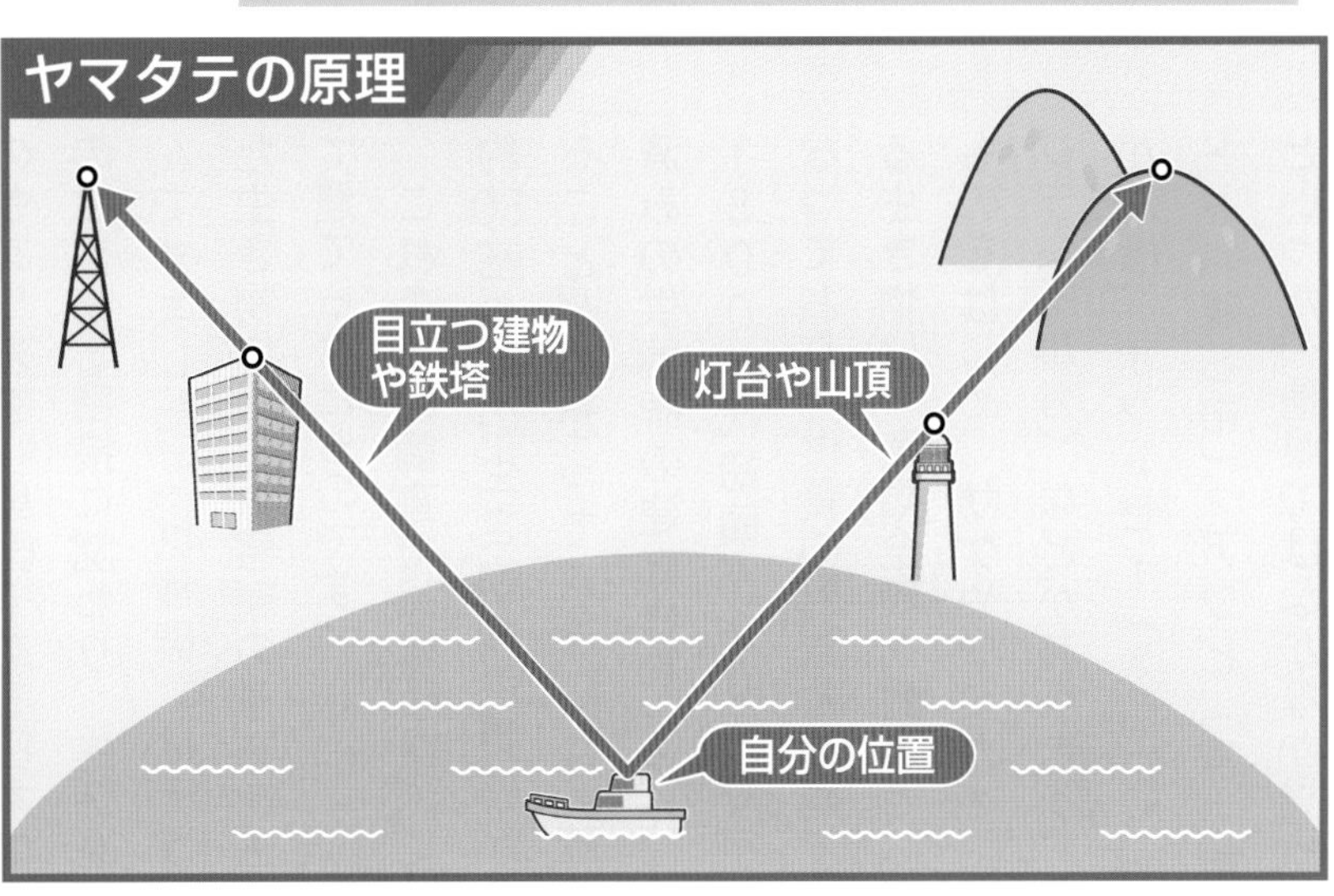

△に雲がかかると雨が降る（海が荒れる）」といった話は多くの地域で耳にします。また、「カモメが陸に上がると海が荒れる」といった話もあります。前日の雲や風の動きなども併せて、こうした観察を通して、漁師は漁に出る判断、もしくは漁の継続の判断を行ってきました。

非常時にも役立つ

こうした民俗知は気象予測の技術や機械の発達により、徐々に伝承されなくなってきていますが、各地の郷土史や民俗史（誌）などに記録されています。

民俗知は、先人たちがその土地で自然と向き合い、生きてきた証しでもあります。そして民俗知はここで挙げた海だけでなく、日常生活の至る所に存在し、そうした知識は非常時にも大いに役立ちます。みなさんも、これを機におじいさんやおばあさん、地域の人々に民俗知を聞いてみてはいかがでしょうか。（吉村健司）

各地の碑（いしぶみ）

身近な石碑で地域再発見

　三陸地域の人々は海と密接なつながりを持って生活を送ってきた歴史があります。皆さんは、こうした地域の歴史を知るためには、図書館や博物館などで郷土史に関する資料を調べるのではないでしょうか。

　ところで、道路脇や寺社の一角などに石碑が建てられているのをお気づきでしょうか。普段、こうした石碑をじっくり見る機会は少ないと思います。何気なく建っているように見える石碑ですが、実は地域と海のつながりを知るための重要な資料の一つなのです。

生き物を供養するため

　石碑の種類はいくつかあります。代表的なものに「津波石」や「津波（海嘯〔かいしょう〕）記念碑」と呼ばれるものがあります。三陸地域では、過去に何度も津波を経験しており、これらの石碑はこうした歴史やその時の教訓を今に伝えるものです。

　その他に「供養碑」と呼ばれるものもあります。島国である日本は海の生き物と密接に関わり、生活を営んできました。「供養碑」はそうした生き物に対する感謝の意味を込めて建てられたものです。

　これまでの調査で、岩手県内には約50基の海の生き物の供養碑があることがわかってきました。確認済みの供養碑の建立された年代は、1800年代初頭～2010年となっており、供養の対象となっている生き物は、魚類全般を対象としたものをはじめ、サケやウミガメ、クジラ（イルカ）などがあります。なかには、オットセイ（大槌町）や、トド（釜石市）、アワビ（宮古市）といった、他県ではなかなか見られないものもあります。

岩手とサケのつながり

　岩手県で最も多い供養碑は魚類全般を対象とした「魚霊碑」と呼ばれるものです（地域によって「魚魂碑」や「魚類供養塔」など名称はさまざま）。魚霊碑は日本全国で見ることができます。

　岩手県の特徴として、魚類のなかでもサケの供養碑が多い点が挙げられます。サケは岩手県の定置網漁業において、最も重要な魚種であり、人工ふ化放流も盛んに行われるほど、岩手県にとってなくてはならない魚ですし、歴史的にも古いつながりがあります。漁師や沿岸地域の人々にとってはかけがえのない魚であるからこそ、その漁獲に感謝し、また翌年の大漁を祈願して供養碑が

大槌町にあるオットセイの供養費（津波で一部流失）

東日本大震災の津波で倒壊し、2017 年に再び設置された普代村の鮭供養塔＝普代水門前広場

釜石市唐丹（とうに）町にある「鮭供養塔」。自然の恵みへの感謝の心を受け継いでいる

建立されてきました。

大槌とオットセイ

大槌町にあるオットセイの供養碑も非常に興味深い歴史を教えてくれます。現在、大槌町ではオットセイとのつながりを意識する機会はありません。大槌町は1950年代には世界的なオットセイの調査・研究拠点だったという記録が残っています。

この供養碑が物語るのは単に「オットセイの調査拠点だった」という話だけではありません。オットセイ漁の調査を進めると、イルカ漁や当時の暮らしぶりなどの大槌町の漁業の歴史にも話は広がっていきます。

日々の生活では、こうした歴史に触れることは難しいですが、それを語ってくれるのが石碑です。身近にある石碑の歴史について調べてみると地域の歴史について、新しい発見があるかもしれません。

（吉村健司）

マツモは三陸ならでは

皆さんはラーメンが好きですか？ 一口にラーメンと言っても、しょうゆラーメン、みそラーメンに塩ラーメンなど種類はさまざまですし、例えば札幌ラーメンや福島県の喜多方ラーメン、神奈川県のサンマーメンなど、それぞれの地域で食べられている「ご当地ラーメン」というものも日本各地に存在します。さて、岩手県を含む三陸沿岸域で広く食べられているご当地ラーメンをご存じでしょうか？ その名も＊「磯ラーメン」と言います。

そもそも「磯」とは

私は岩礁生態系、つまり磯の生物の研究をしていますので、磯ラーメンの「磯」とは何を示すものなのだろうかと興味を持ち、調べ始めました。この調査では、これまで三陸沿岸域では63軒、岩手県の内陸部で14軒、東北地方の日本海側や関東地方、伊豆半島といった三陸以外の地域では23軒の飲食店で磯ラーメンを食べて、その具材やスープの種類を記録しました。

地域で異なる具材

磯ラーメンにはさまざまな海産物、例えばホタテやイガイ類（シウリ貝）、イカ、カニにウニなどが具材として用いられています。これらの具材の組み合わせのパターンを分析すると、三陸沿岸域とその他の地域の磯ラーメンではそのパターンが大きく異なることが明らかになりました。

三陸沿岸域ではシウリ貝に加え、フノリやマツモといった海藻の使用率が高いことが特徴的で、他の海域ではノリやアオサといった異なる海藻が具材として利用されることが多い傾向が認められました。

フノリやマツモは、潮間帯という潮が引いた時に海面より上になる岩に生える海藻ですし、シウリ貝も岩

大槌湾の磯で岩を覆（おお）うように生えるフノリ。三陸の磯ラーメンには当たり前のように入っている

礁域の潮間帯に多い二枚貝です。三陸沿岸域では、それらの海藻や貝が見えることで地域の「磯」のイメージが共有され、潮間帯の海藻類が磯ラーメンの具材にも利用されるようになったのかもしれません。

歴史・文化と結び付く

また、三陸地方の沿岸域と内陸部との間でも磯ラーメンの具材のパターンには差が認められます。磯が身近にあるか、岩場か干潟かといった地形や、沖を流れる海流の種類などで、各地の沿岸域に生える海藻の種類や量は異なります。

例えば、三陸の磯ラーメンの具材で特徴的なマツモは水温の低い三陸沿岸や北海道沿岸に分布していますが、地域を問わず磯ラーメンでの使用率が高いワカメは日本各地に広く分布しています。

そういった地域による海藻類の組成の違いは、それらをすみ場にしたり餌にしたりする動物の組成にも大きく影響しますし、その場にいる生物の種類や組成が異なることは漁業の在り方や食文化にも大きく影響すると考えられます。

磯ラーメンの具材の地域差は、磯の生き物の多様性、そしてそれらを水産物としてどう利用してきたかという歴史や文化の多様性と強く結びついていると言えるのではないでしょうか。

（早川淳）

＊浜ラーメンや海鮮ラーメンという名前であることも多いですが、ここでは磯ラーメンとしてまとめて扱っています。

三陸地域の磯ラーメン（上）と関東圏の磯ラーメン。ワカメのように共通した具材もあるが、ほとんどの具材は異なる

各地に残る「サケの伝説」

サケは岩手県を代表する魚の一つで、お正月に欠かせない魚でもあります。岩手県は北海道に次ぐ全国2位のサケの漁獲量を誇っています。岩手県とサケのつながりは深く、江戸時代の盛岡藩では、欠かすことのできない魚の一つで、歴史資料にも多く登場します。

津軽石を救った又兵衛

サケの深い歴史を示すものとして、岩手県にはサケをめぐる伝説が多く残されています。例えば、宮古市・津軽石に残る又兵衛（またべえ）伝説があります。津軽石を流れる津軽石川は岩手県を代表するサケの遡上（そじょう）量を誇る河川です。

この地域では、毎年11月30日（かつては旧暦の11月1日）に「又兵衛祭」という儀礼を行ってきており、現在も続けられています。又兵衛祭はY字型のわら人形を津軽石川の河原に立てて、その年の豊漁を願う儀礼です。このわら人形の由来にはさまざまな伝説がありますが、一つは逆さはりつけにされた後藤又兵衛を模したものと言われています。

かつて津軽石川のサケ留（どめ）は盛岡藩の所有で、津軽石の人々は自由にサケがとれませんでした。あるとき、藩のサケ留を解放し、飢餓（きが）に苦しむ津軽石の人々を救ったのが、後藤又兵衛でした。しかし、又兵衛は藩の掟（おきて）を破ったとして、逆さはりつけの刑に処されたといいます。津軽石では又兵衛を、村を救った英雄として語り継いでいます。

岩手沿岸の「弘法の石」

サケをめぐる伝説には、「弘法の石」と呼ばれる、弘法大師と石をめぐる伝説が岩手県に広く記録されています。この伝説で登場する、みすぼらしい格好をした旅の僧は、各地でひどい扱いを受けた結果、その地域の川の石を持って行ってしまいます。すると、その川では以降、サケが上らなくなったと言います。

この伝説は、岩手県では洋野町、田野畑村、大槌町などの沿岸地域の広い範囲で記録されています。多くの地域では、サケが不漁になる結末を迎えます。これらの伝説のなかには、津軽石川に川の石が運ばれてしまうという話も少なくありません。

津軽石では、旅の僧を温かくもてなしたといいます。旅の僧はお礼に津軽（青森）の村から持ってきた石を置いていきました。村人がその石を川に入れたところ、サケが大漁となりました。これが津軽石の地名の由来の一つとも言われています。

石が重要な役割

津軽石には、地名の由来ともなった伝説がもう一つ残っています。かつて、この地を収めていた一戸行政が、津軽郡浅瀬石の「汗石（浅瀬石）」を清水が湧き出る場所に祭ったところ、翌年からサケが大漁となったと言われています。この石は、津軽石の恵比寿堂に祭られています。

こうした伝説の特徴は、石が重要な役割を果たしている点にあります。サケの産卵と石の関連を示すものです。昔の人々は日々の生活の中で、サケを観察し、サケの産卵習性を認識していたと考えられます。そして、さまざまな地域にサケと石をめぐる伝説が多く残されているのは、サケがそうした地域の人々にとって、非常に重要な生物だということの表れでもあります。

（吉村健司）

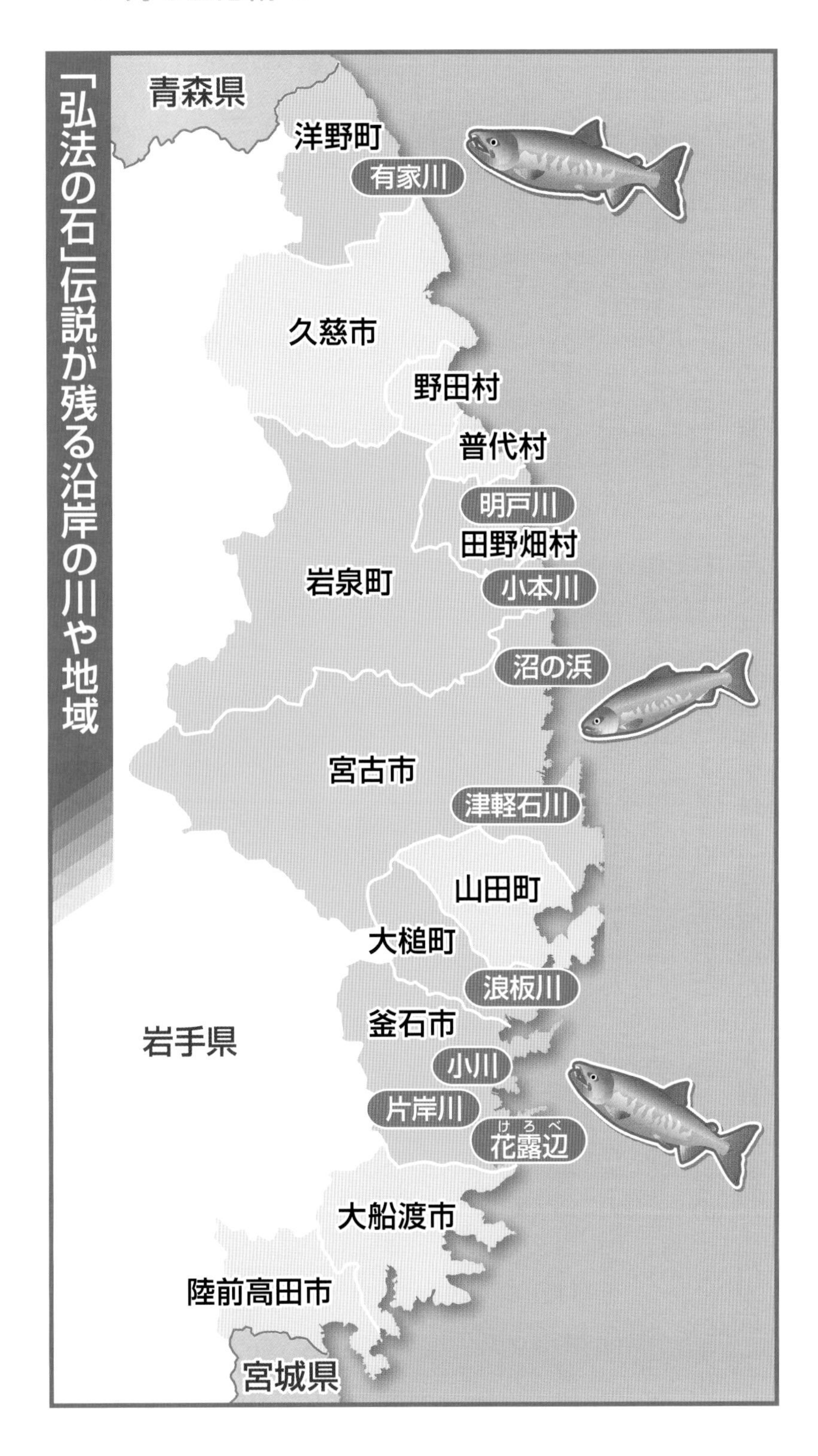

「七浦栄える」貴重な資源

岩手県では古くからイルカやクジラが利用されてきました。例えば「雑書」と呼ばれる江戸時代の盛岡藩の文書には、1648年（慶安元）11月28日に「久慈二子浦へ鯨」という、久慈市二子地区へクジラが漂着した記録があります。

その他にも、クジラの漂着や漂流の報告が多数見られ、この中には飢饉を救った事例もあります。「鯨一頭寄れば七浦が栄える」と言われるほど、イルカ（クジラ）の漂着（寄鯨）や漂流（流鯨）は、地域住民にとって歓迎されていたようです。

捕鯨基地だった釜石

イルカやクジラの獲得方法は、寄鯨や流鯨だけではありませんでした。三陸はリアス海岸によってもたらされる大小さまざまな湾が存在しています。なかでも現在の山田町大浦地区と大船渡市赤崎地区は、湾奥のさらに奥まった地形が形成されています。これらの地域では江戸時代から大正時代にかけて、「追込漁」と呼ばれる、湾奥にイルカやクジラを追い込んで捕獲する漁法が展開されていました。

沿岸集落の漁師による捕鯨が行われた一方で、企業による捕鯨も行われていました。1910（明治43）年には、岩手県では産業振興のため、捕鯨会社の誘致が始められました。その結果、鵜住居村（現在の釜石市）・両石に捕鯨会社が作られました。その後、釜石市内には数社の捕鯨会社が設立されたことで、釜石は岩手県における一大捕鯨基地の町となりました。このうち、岩手県最後の捕鯨会社となる柳原水産社（後の日東捕鯨）は釜石から山田へと移転し、1987（昭和62）年まで捕鯨が行われました。

各地で珍重された食料

沿岸集落の漁師による捕鯨も新たな展開を迎えます。1917（大正6）年に大槌町では、千葉県の漁師から突棒漁の指導を受け、三陸で初めて突棒漁を行うようになりました。突棒漁の中心地の大槌町では、水揚げされたイルカはこもに巻かれた状態で駅へ運ばれ、そこからは鉄道で秋田県や山形県へと運ばれていました。特に、秋田県や山形県の内陸部では、イルカは一頭買いされ、雪に埋められ保管され、冬場の貴重な食料になっていたといいます。こうした地域には、郷土食としてイルカ汁が記録されています。山形県では、年取り（年越し）の料理としてもイルカは珍重されていました。

福島県では田植えを手伝った人たちにイルカ料理を振る舞うため、5月に水揚げすると特に喜ばれたといいます。大槌町などから北海道方面へ出漁した際、漁獲したイルカは北海道に水揚げし、そこから本州の市場へチャーターしたトラックで輸送していました。

大槌町にある「いるか供養塔」

さまざまな史料や史跡

こうした岩手のイルカ漁の歴史を示す史資料や史跡が、今でも県内のさまざまなところに残されています。多くは石碑という形で残っていますが、なかには神社の建築物の一部にも彫刻されているのも見られます。皆さんが住む地域には、どのようなイルカにまつわる歴史があるでしょうか。

（吉村健司）

宮古市赤前にある「クジラの供養塔」

東北各地で珍重されていたイルカ。記事には「大槌駅から毎日三十頭くらいずつ、大きなイルカが積み出され主に秋田県に送られている」とある＝1952（昭和27）年6月20日付の岩手日報朝刊

暮らしと経済支える

塩はわれわれの暮らしになくてはならないものです。食べ物の味付けに用いられる調味料としての役割だけでなく、防腐や発酵（しょうゆ・みそ・漬物など）などにも使われます。

塩は食品としての利用にとどまらず、ガラスや紙、鉄などの工業用品にも使用されています。そのほかにも、私たちの生活の身近な至るところに塩は使われています。

海水を直接煮詰める

塩は1905（明治38）年に専売制（国による生産・流通・販売などの全面的管理）となるまでは、日本各地で作られてきました。その作り方はさまざまで、その地域の地理や気候に合った形で作られてきました。

岩手県はリアス海岸のため砂浜が少なく、なおかつ冷涼な気候であることから、他地域で見られるような塩田をほとんど作ることができませんでした（大槌町浪板が塩田の北限とされています）。そのため「海水直煮製塩」と呼ばれる、海水を釜で直接煮詰める製塩が行われてきました。

三陸では鉄が多く産出され、鉄の入手が比較的容易だったことや、燃料となる薪の入手も容易だったことが、直煮製塩が発達した要因として挙げられます。

生活必需品との交換

各地の史料などには、明治時代初期の沿岸地域の自治体の半数以上で塩が作られていることが記録されています。多くの村や町で塩が作られたのは、海と山が近接した三陸特有の地形により、農作物が十分に栽培できなかったことも関係しています。不足する農作物などを入手するため、内陸部にも塩を運んだのです。

野田村一帯は塩づくりで有名な地域で、ここで作られた塩は「野田塩」と呼ばれ、べこ（牛）を使って、盛岡や雫石、秋田県方面に運ばれました。野田村以外でも塩は作られ、それらの塩は内陸で米や粟、大豆などの生活必需品とも交換されました。

また、農作物だけでなく、例えば吉里吉里村（現在の大槌町）と小国村（宮古市）との交易では、漆の工芸品なども交換されたといわれています。こうした各地から張り巡らされた運搬ルートは「塩の道」と呼ばれていました。

海産物に欠かせない

三陸地方で水揚げされた多くの海

江戸時代は牛の背に塩をのせ、けわしい山道を内陸まで運んだ。塩の道は「横軸」をつなぐ物流ルートとして重要だった＝野田村「道の駅のだ」の牛方像

産物にとっても塩は重要な役割を果たしてきました。江戸時代に三陸の水産経済を飛躍的に発展させた塩引鮭をはじめ、さまざまな海産物の保存にも用いられ、それらは江戸などに運ばれれました。現在でも、ワカメの保存やイカの塩辛など、三陸の海産物に塩は欠かせません。塩は三陸の水産経済の発展に多大な貢献を果たすとともに、人々の生活を支えてきた、縁の下の力持ちなのです。

（吉村健司）

塩の流通経路

八戸より
種市
中野
侍浜
鹿角方面へ
野田
普代
沼宮内
田野畑
小本
岩泉
鹿角方面へ
田老
雫石
盛岡
宮古
重茂
秋田より
沢内
小国
山田
大迫
横手方面へ
遠野
大槌
鵜住居
釜石
唐丹
吉浜
岩谷堂
越喜来
綾里
陸前高田
赤崎
大船渡
一関
石巻より

主な製塩地
経由地
県内の塩の流通
県外からの塩の流通

資材も技術も当時最先端

みなさんは、明治初期に陸中大橋から釜石にいたる18キロメートルに敷設されていた官営釜石鉄道をご存じでしょうか。

海を渡ってきた機関車

1872（明治5）年、新橋―横浜間を日本で最初の鉄道が走りました。この鉄道は、イギリス人の技術者が、イギリスから取り寄せた機関車や資材を用いて建設し、イギリス人を中心とするお雇い外国人によって運営されたものです。その意味で、完全な輸入品でした。2番目の神戸―京都間鉄道（1874年部分開業）もまた、同様です。しかし3番目に開業した釜石鉄道は、少し違いました。

釜石鉄道は、大橋鉄山から産出される鉄鉱石を、官営釜石製鉄所まで運搬することを目的として建設された鉱山専用鉄道です。官営釜石製鉄所は、イギリスから技術を導入します。そのため、1878年に鉄道資材もまたイギリスに発注されました。この時、機関車の注文を受けたのが、グラスゴーの有力機関車メーカーであるシャープ・スチュアート社です。同社は注文に応じて狭軌（838ミリメートル）用の小さな、しかし精巧なタンク式機関車3両を製作し、その年のうちに出荷しました。

当時、イギリスから日本へ向かう貨物は、汽船に積まれ、地中海からスエズ運河を通ってインド洋に抜け、マラッカ海峡を経由して横浜に到着していました。その航海に3～4カ月程度かかったことから、機関車の釜石港への到着は、翌79年の春だったと思われます。

官営釜石鉄道を走っていたイギリス製の蒸気機関車「シャープ・スチュアート製Ｂ形タンク機関車」＝『機関車の系譜図Ⅰ』（臼井茂信著、株式会社交友社）より

ハイブリッドの技術

機関車が釜石に到着する4年前の1875年9月、毛利重輔という鉄道技術者が、鉱山寮釜石支庁に赴任してきます。毛利は72年、アメリカのレンセラー工科大学を卒業し、イギリスを経由して日本に帰国した技

術者でした。当時、新興国であったアメリカは、急速に鉄道建設を進めており、技術的にもイギリスに迫る勢いでした。そのため、幕末から明治初年には、日本から多くの若者がアメリカに留学しています。山口県出身の毛利もまた、その中の一人でした。

　同じ鉄道技術といっても、イギリスとアメリカでは考え方が異なります。多少高価でも頑丈な鉄道を建設するイギリスに対して、フロンティアの開拓をめざすアメリカでは、早くて安価な鉄道建設が求められました。釜石では、アメリカで鉄道技術を学んだ毛利が、丈夫なイギリス製の資材を用いて軽便な鉄道を建設することになったのです。この点に、イギリス技術による官設鉄道とも、アメリカ技術を導入した北海道開拓使とも違う、釜石の特徴があります。海に開かれ、南北文化の交差点である釜石は、この両者を合わせたハイブリッドの鉄道を造り出したのです。

釜石市に現存する釜石鉄道のアーチ橋りょう。燃料の木炭を製鉄所に輸送した小川支線の一部でレンガ造り。現存する鉄道用橋りょうとしては国内最古と考えられている

鉄道発展に大きな役割

　釜石鉄道は1880年9月に開業し、翌81年には一般の貨客営業も開始します。しかし同鉄道が活躍した期間は、わずか3年間足らずでした。肝心の官営製鉄所が安定操業に失敗し、早々に廃止になってしまったのです。その後、釜石で用いられていた機関車は阪堺（はんかい）鉄道や三池炭鉱に払い下げられ、その高い耐久性を活かして民間で長く活躍します。

　一方、毛利は鉄道局を経て1885年、日本で最初の鉄道会社である日本鉄道会社に移籍し、技師長、副社長として東北本線や常磐（じょうばん）線の建設と運営に貢献しました。三陸で培われた、ハイブリッドの鉄道技術は、日本の鉄道発展に大きな役割を果たしたのです。

（中村尚史）

身近な不思議を語り継ぐ

沿岸部で生活していると、夏の朝、ベランダなどでイソヒヨドリが美しくさえずっていることに気づきます。車や工場の騒音、高い構造物、電気などのなかった昔は、生活空間は動物の声、川のせせらぎ、山の緑、空や海の青、潮騒などであふれていたことでしょう。先人たちが、さまざまな自然の現象を肌で感じ、疑問としてとらえるのは当然のことだと思われます。

キツネにもらった頭巾

上閉伊郡（現在の大槌町）の昔話に「聞き耳頭巾」という話があります。

おじいさんが、親切をしたお礼にキツネの親子から頭巾をもらった。それは、かぶると生き物の会話が聞こえる頭巾だった。ある日、頭巾をかぶっていると、村の長者の娘の長患いは、長者宅に生えているクスノキのたたりによるものだ、とカラスが会話しているのが聞こえてきた。おじいさんは、長者宅でクスノキの声を聞き、たたったのは自分の腰の上に蔵を建てたからだと知る。蔵を動かすと、クスノキはふたたび葉を茂らせ、娘も元気になった。おじいさんは、長者からのほうびでキツネに油揚げをいっぱい買ってやった。

海が塩辛いのは

三陸沿岸には海に関する昔話もたくさんあります。例えば、「塩ふき臼」。

ある年のおおみそか、食べるものに困った弟が兄に米を借りに行くが断わられる。帰り道に出会った老人に教えられ、弟は麦まんじゅうを持って小人たちのところへ行き、石臼と交換してもらう。それは右にまわすと欲しいものが出て、左に回すとそれが止まる臼だった。弟は臼で年越しに必要なもののほか、馬や家まで出し、一夜で長者になった。

正月の宴で、弟は客への土産を臼から出していた。それを見た兄は臼を持って小舟で海へ逃げ出した。その途中、兄は腹がへり、土産のまんじゅうを食べた。口直しに臼から塩を出したが、止め方がわからず塩は出続けた。小舟は塩の重さに耐えきれず、海の底に沈んでしまった。海が塩辛いのは、今でも石臼が海の底で塩を出し続けているから、というお話。

先人は気づいていた

サケに関する話もたくさんありま

す。なぜ雄サケの上あごは曲がっているのか。サケが上る川と上らない川があるのはどうしてか、などです。自然におこる不思議な海の現象や動物の行動の心理を深く知りたいという一心から、こういった話が出来上がったのでしょう。

先人たちは身の回りで起こっている不思議な自然現象を昔話として語り伝えることで、後の人々はその自然現象を認識し、体感してその不可思議さを実感し、そしてまた子や孫に昔話として伝えるということを繰り返してきました。残念なことに、最近では昔話があまり語られなくなりました。いまいちど昔話を通して、三陸沿岸の皆さんの生活空間には不思議な動物の行動や、海洋の現象がたくさん見られること、そういった不思議な自然の現象を先人たちは気づき理解していた、ということを感じとっていただけたらと思います。

（北川貴士）

三陸に伝わる昔話を絵本にした「しおふきうす」（長谷川摂子・文、立花まこと・絵、岩波書店）

（写真上）昔なつかしい石臼を回してソバの実をひく小学生＝ 2020 年 7 月、山田町織笠の白石集落
（写真左）方言を交えて地元に伝わる昔話を演じる久慈市・大川目小の児童たち＝ 2019 年 2 月、久慈市・アンバーホール

コラム　海と希望の学校盛岡分校

三陸と内陸を結ぶ「宝」

海から遠く離れた内陸部の盛岡。街の中心部を流れる中津川の橋の上から、遡上する鮭をながめる市民の姿は秋の風物詩ともいえます。ここで生まれ、数年の苛酷な旅の果て、産卵のために帰ってきた鮭を見て「むじぇなあ」とつぶやく人もいます。

正月、雑煮椀のふたをとれば、鮭のハラコの赤がキラキラと新しい年のめでたさを告げます。塩と寒風が作りあげる新巻鮭は年取り魚として、お歳暮の王様でした。海と内陸の街を結んでくれる鮭の縁をつくづく感じます。

季節の恵みだけでなく、命に欠かせない塩も三陸から険しい北上山地を越え、牛の背で運ばれて来ました。三陸からは「塩の道」と呼ばれるその道で、海の塩が、その帰りは内陸から穀物が運ばれたそうです。海と山と街を結んで往き来するのは、人間も鮭も同じです。年ごとに盛岡の川に戻って来る鮭たちが、その道すがらどんな経験をするのか、それはなぜなのか。私たちにもまだわからないことがいっぱいです。

三陸の海の研究機関として、大槌町に東京大学の国際沿岸海洋研究センターがあります。岩手が自慢してよい施設なのに、どれだけの人がこの事を知っているでしょうか？　ここでふるさとの海について学びたい、そんな想いで盛岡市動物公園有志の協力のもとに「海と希望の学校盛岡分校」が立ち上げられました。

「田舎なれども南部の国は、西も東も黄金の山よ」と、塩の道を往き来した牛追いが唄ったように、三陸と内陸の黄金の宝をここから発信しましょう！　宣伝べたをかなぐり捨てて、ふるさとの自慢をしましょう！と、東大の人たちにもたき付けられています。

ちなみに冒頭の「むじぇなあ」は、「かわいそう」という意味の盛岡弁です。

（大竹喜彦、静枝）

盛岡市の中心部を流れる中津川。橋の上からサケの姿を見つけると、盛岡の人たちは秋の訪れを実感します

さんりくの未来編

精巧なカニのフィギュア

2019年9月に発表された新種のカニ「オオヨツハモガニ」。このカニは私たちが日ごろ調査を行う大槌湾はもちろん、三陸沿岸の岩礁藻場（がんしょうもば）で最も多いカニで、まさに「三陸を代表するカニ」と言うべき存在です。

私たちの静かな隣人オオヨツハモガニを、サケやイトヨに次ぐ「大槌町のシンボル」として皆さんに知ってもらうためにはどうしたらいいだろう…。新種を発表する論文が終わりに近づいた2019年の春、私はそんなことを考えていました。

大槌の新たな名物に

するとある日、県の沿岸広域振興局の方が、沿岸センターが研究しているものをつかって新たな町の名物を作れないだろうか、と町内のプラスチック加工会社「ササキプラスチック」（大槌町吉里吉里）の皆さんと沿岸センターに相談にいらっしゃいました。いろいろな案を出すうちに、この大槌湾で発見されたばかりのオオヨツハモガニのフィギュアを作れないかという話になりました。

造形を担当することになったのは「鮮ホヤすとらっぷ」や「ほっこり地蔵シリーズ」をデザインした山崎誠喜（せいき）さん。沿岸センターからは、オオヨツハモガニの姿を知り尽くした私（実はフィギュアも好き）が担当者になりました。山崎さんと具体的な相談が始まると、これがとても楽しい。これまでに販売されたカニのフィギュアの造形的な問題や、フィギュア制作のコストなどに話はどんどん広がり、気が付けば2時間以上が経過していました。

原型がやってきた！

だいたいの作業工程が決まり、私が乾燥標本をつくり（写真1）、それを山崎さんが3Dスキャンにかけ、そのデータをもとに3Dプリンターで作った原型が作られました（写真2）。後日、「大土（おおつち）さんが絶対喜ぶと思って」と出来たての原型を持ってきた山崎さんは、既に十分オオヨツハモガニに見える原型を手に、なんと「ここからは手作業で作りこんでいきます」とおっしゃいました。そこで私は、細部がわかるようにと、発表されたばかりの論文といろんな角度から撮影した標本の写真をお渡しし、いったいどんなものが出来るのだろうと待つことにしました。

史上最高のフィギュアへ

そして2020年4月、久しぶりにお会いした山崎さんは「カニの体は本当によくできていますね！」と興奮気味に進捗（しんちょく）を教えてくださいま

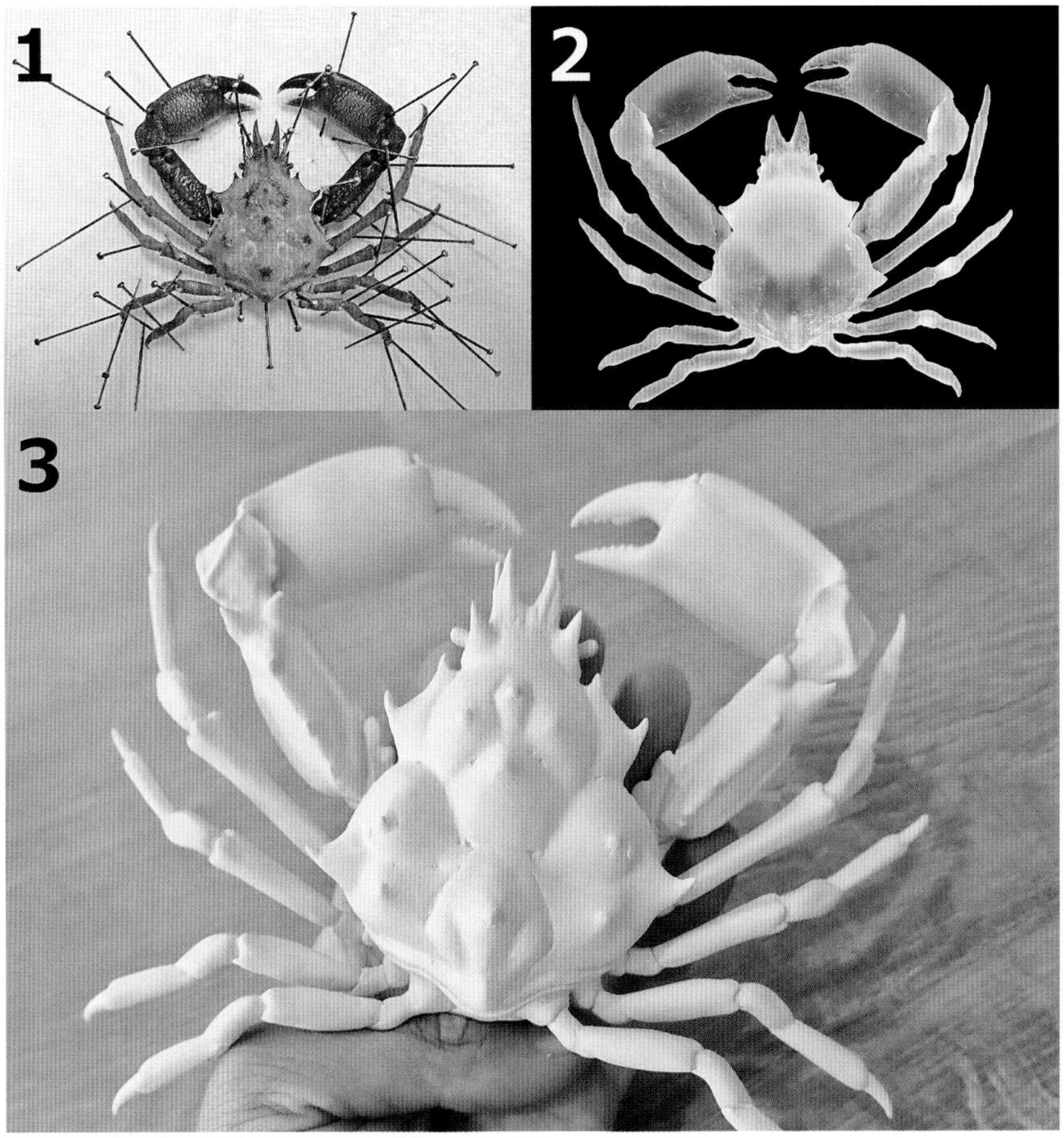

した。すっかりオオヨツハモガニのファンです。私も「素晴らしい！現時点で史上最高のカニフィギュアです！」と大興奮（写真3）。

でも私たちはそこで終わりませんでした。しばらくいろんな角度から原型を確認して「あの実は…」と切り出す私に「何か違うところがあったら言ってください」と山崎さん。そこからさらに山崎さんの造形へのこだわりと私の形態へのこだわりが深まり、現在も細かな修正が続いています。

完成したフィギュアは、大槌町赤浜にオープン予定の展示室『おおつち海の勉強室』にて初お目見えとなります。お楽しみに！

（大土直哉）

大槌湾で採集されたオオヨツハモガニの乾燥標本（写真１）と、それをもとに３Ｄプリンターで作られた原型（写真２）

オオヨツハモガニの爪を模したストラップ。こちらは商品化を検討中

集め、保存し、伝える

震災後10年を迎えた2021年春、大槌湾の北岸、ひょうたん島（蓬莱島）のすぐそばに、国際沿岸海洋研究センターにあった展示室が「おおつち海の勉強室」として復活いたします。

海の魅力を発信

沿岸センターが大槌町赤浜にできて40年以上。私たちは三陸の海のことをいろんな角度から研究してきましたが、その一方で地域のみなさんにその成果を発信する機会をなかなか作ることができませんでした。2018年に始まった地域連携プロジェクト「海と希望の学校 in 三陸」の活動を通して、私たちは大槌や三陸の海が地域の皆さんにとっていかに重要であるかを実感するようになり、沿岸センターの活動を通して再発見された大槌の海の魅力を発信する場所が必要と考えたのです。

ともに考える場所

三陸の漁業をどうすれば盛り上げることができるのか、三陸の海にはどのような特徴があるのか、さっき釣れたこの見慣れない魚は何という名前なのか――。「おおつち海の勉強室」は、研究者と地域のみなさんが、海や海の生き物について日ごろ感じている疑問や発見を持ち寄り交流を深める場所、地元の海や三陸の海の「昔と今」を見つめ、三陸の「未来」についてともに考える場所（地域連携拠点と言います）を目指します。

海洋生物の標本や海と人々の関わりについての資料を集めることも勉強室の重要な役割だと考えています。東日本大震災では、多くの人々の命が失われただけでなく、震災以前にあった多くのモノやコトが失われてしまいました。それでも私たちが過去のことに思いをめぐらせることが出来るのは、先人たちが彼らにとっての「昔と今」を記録し、大切に保存し、私たちに伝えてくれたからです。

誰かの「未来」のため

記録に残っていない大昔から、三陸で人間も他の生き物も、何度も大地震と津波を乗り越えて、世代をつないできました。残念ながら、三陸沿岸の文化・自然は地震と津波によって大きく変化し、なかには完全に失われてしまったものもあったのかもしれません。このような地域で暮らす私たちにこそ、当たり前の日常や風景をしっかり見つめ、誰かの「未来」のために、私たちの「昔と今」を記録し、保存し、伝える努力が必要ではないかと思います。

外壁のイラストは、沿岸センターのウミガメ研究者でイラストレーターでもある、きのしたちひろさんの作品。屋外には夏季限定でウミガメ水槽の設置も予定されている

2020年から始まった大槌高校「はま研究会」との活動も、重要な記録として展示されるかもしれない

「おおつち海の勉強室」に準備中のウミガメコーナーと「みんなで作ろう大槌湾マップ」

例えば、今年、桜は何月何日、気温何度の日に咲くでしょうか？ 来年は？ このようなちょっとした日常を毎年記録することが、私たちの子どもたちへ、孫世代へ、その先の未来へのプレゼントになります。私たちと一緒に２０２０年代の三陸沿岸の自然を「記録し、保存し、伝える」ことを始めませんか。

（大土直哉）

「つながり」表す天井画

大槌町赤浜にある国際沿岸海洋研究センターのエントランスを見上げれば、アーティスト大小島真木さんによる天井画「生命のアーキペラゴ」があります。だれでも自由に入れるスペースです。ぜひ見に来てください。

生き物のスープ

この作品は東日本大震災で被災した施設が高台に移転新築した２０１８年、大小島さんに描いていただいたものです。大小島さんは、もともと森にインスピレーションを得た作品が多かったアーティストですが、「鯨シリーズ」で注目を集めています。

大小島さんは２０１７年、ファッションデザイナーのアニエス・ベーさんが支援するフランスの海洋調査船タラ号に２カ月半、アーティスト日比野克彦さんと乗り込みました。壁画を描くとともに、海洋調査にも参加した大小島さんは海面に浮くクジラの死体と、それに群がる多くの生物を目撃したのです。これをきっかけに「鯨シリーズ」など、海洋に傾倒した作品を制作するようになりました。大小島さんは「海は生き物のスープでできている」とタラ号船上でつぶやいたそうです。

細菌からクジラまで

手にすくった海水の中には、細菌１００万細胞、植物プランクトン１０００細胞、動物プランクトン数個体が含まれています。三陸の漁港には１００種類以上の魚介類が水揚げされ、われわれの食卓に並びます。細菌からクジラまですべての生き物は、食う食われる、共生、寄生といった関係でつながっています。つながっているのは生物だけではなく、物質やエネルギーの流れも、生物を通してつながっています。そして、われわれ自身もこのつながりの一部です。

「生命のアーキペラゴ」で表現されているのは、このつながりです。また、生物は進化という過程のなかで時間的にもつながっています。天井画では、多くの生物が中心から外へ何かに導かれるように放散しています。これは生物の進化や新しい生息地への進出を意味しているのだと思います。

大小島さんがクジラをモチーフとして使い始めたのは、２０１７年の太田市美術館（群馬県）の展示「絵と言葉のまじわりが物語のはじまり」からです。大槌の天井画制作は、パリ水族館で作品展を開催したのと前後しています。さらに、２０１９年には瀬戸内海芸術祭でクジラと洞窟をモチーフとした作品を、インドの少数民族ワリルの人々と、香川県三豊市の粟島の住民との共同作業で生み出しました。粟島の住民が制作した刺繍作品は大槌の天井画をモチーフとした「珊瑚の心臓」です。

フレームの中から外へ

大小島さんの作品や制作は「はみ出し壁画」の手法と呼ばれます。「はみ出し壁画」とは、彼女の言葉によれば「絵は独立して存在しているだけでなく、そのフレームの中から外へとイメージが成長していき、空間の中にどんどん広がっていきます。この増殖し続ける絵画を『はみ出し壁画』と私は呼んでいます」となります。だから、「生命のアーキペラゴ」は一つの作品ではありますが、完成されたものだとは思っていません。いつか描き足されたり、絵画を中心にいろいろな活動が広がっていく作品だと思います。瀬戸内海芸術祭での共同制作では、毎朝、ビートルズの「Ａｌｌ Ｔｏｇｅｔｈｅｒ Ｎｏｗ」が流れたそうです。さあ、われわれも三陸で希望を育てましょう、みんな一緒に！

（津田敦）

大小島真木さんの解説を聞きながら天井画をながめる大槌学園の４年生＝２０１８年７月（撮影・木暮一啓）

“珊瑚の心臓 / Coral heart”
Year 2019
鯨の骨格標本のような作品の中心にある、刺繍（ししゅう）でかたどられた珊瑚（さんご）の心臓。「これは粟島の住民のみなさんを中心に、20人ほどの方が刺してくださいました。集まって一つの形を作り上げているのです」（大小島さん）。
Photo by Shin Ashikaga

生命のアーキペラゴ　大小島真木

《生命のアーキペラゴ》。あの天井画を描くに至った背景には、２０１１年まで遡る私自身のある記憶が横たわっています。

震災から2カ月が経った２０１１年5月、私は被災地を友人たちと泥出しなどをしながら回りました。あの絶望的な光景の下で、半壊した家の中から溢れ出てくるヘドロや、海から流されてきた腐った魚たちの死骸を掻き分けながら、それでもなお、コンクリートの瓦礫の下からはたくましく新芽が立ち上がっているのを目にしました。

自分たちが住んでいた場所がごっそりなくなってしまう、ということは想像を絶することです。土地それぞれの風土風習、文化や関係性の上に人々は生きているのに、その根幹である土地自体が失われてしまうというのは本当に恐ろしい。ただ、そうした想像を超えた絶望の一方で、自然はそうした人間の感情などお構いなしに新しい命を芽吹かせ、強かに循環を続けていました。その様子に、私は静かな感動を覚えたのです。

日本列島は四つのプレートの

「生命のアーキペラゴ」（撮影・山本祐之）

上を跨（また）るように連なる世界でも珍しい群島です。海の多様性が豊かに育まれ、またダイレクトにその豊かさを感じることのできる場所です。人々はその稀有（けう）な群島の上で、自然からの恵みを分けてもらいながら、その大きな力に畏敬（いけい）の念を抱きながら、生きてきました。生命のスープである海、そこに息づく多様な自然、多様な生物種は、互いに繋（つな）がりながら、しかし、それぞれの世界を生きています。私はそこに群島のイメージを重ねます。そして、プランクトンやウイルスも含めた多様な生物、無生物たちの数だけ存在している多群島の眼差（まなざ）しを、私たちもまた彼らと共にありたいという願いを込めて、再建された大槌の海洋研究センターの天井に描くことにしました。

もう一つ、２０１１年の津波で友人を亡くしたことをきっかけに、大槌を支援する活動を私の地元である東久留米市（東京都）で行い続けて来られた方がいます。その方が私と大槌とを繋いでくださいました。このプロジェクトのルーツには、その方の再生への強い思いがあります。

注目、高いポテンシャル

海は、人々の営みと深いかかわりあいを持っています。すぐに頭に浮かぶのは漁業ですが、ほかにもいろいろ挙げることができます。その中から、ここでは、港と観光に注目してみましょう。

三陸の海岸線は、岩手県久慈市から宮城県気仙沼市まで約１８０キロメートルにわたって続きます。その全体が、陸中海岸国立公園に指定されているのです。

「進化」とげた釜石港

南北に長い三陸海岸には、たくさんの港が点在します。岩手県に限ってみても、北から久慈・宮古・釜石・大船渡の4港が、貨物を取り扱っているのです。

このうち釜石港は「ポート・オブ・ザ・イヤー２０１９」に選ばれました。日本港湾協会が、全国で最も発展をとげた港を毎年一つだけ選ぶ、栄誉ある賞です。釜石港については、①東日本大震災で被災した湾口防波堤が復旧し、大型クレーンが設置されるなど港湾機能が向上した②震災後に国際定期航路が開設され、コンテナ（貨物輸送用の容器）の取扱量が急増した③釜石鵜住居復興スタジアムでのラグビーワールドカップの試合開催を、物流面で支援したーなどの点が評価されました。

震災前の２０１０年には、標準サイズの20フィートコンテナ換算で１１４個だった釜石港のコンテナ取扱量は、19年には９２９２個にまで増えました。震災前の釜石港は「おもに大企業の工場（新日本製鉄＝現在の日本製鉄＝釜石製鉄所）の原材料・製品を扱う港」でしたが、今日では「住民のくらしに必要な商品や地場企業の原材料・製品を幅広く扱う港」に変身しました。「地方のみなとの未来形」へと進化をとげたのです。

対照的な海岸の絶景

全域が国立公園に指定されていることからわかるように、三陸海岸には美しい景色が広がります。地殻変動で土地が沈降してできた沈降海岸と、逆に土地が隆起してできた隆起海岸という、対照的な2種類の絶景を、同じ国立公園のなかで楽しむことができるのです。世界でも、このようなケースは、きわめて珍しいとされています。

三陸と言えば、岬や入江が複雑に入り組んだリアス海岸のイメージが強いですが、これは沈降海岸の特徴で、南部のエリアで広く見られます。唐桑半島、広田崎、碁石海岸、綾里崎などのリアス海岸の景観には、目を見張らせるものがあります。

これとは対照的に、三陸海岸の北部エリアでは、断崖絶壁が続く隆起海岸が展開します。なかでも、海面から200㍍の高さまでそそり立つ北山崎の断崖は、迫力満点で、人気の高い景勝地となっています。

三陸で沈降海岸と隆起海岸が入れ替わるのは宮古市付近ですが、ここには観光地として名高い浄土ケ浜があります。マグマの上昇と波の浸食とが造り上げた美しい風景は、極楽浄土を連想させ、この名がつきました。

課題だった陸路の整備

このようにさまざまな魅力を持つ三陸海岸には、これまでもたくさんの観光客が訪れて来ましたが、大きな問題が一つ、残っていました。陸路が整備されておらず、交通が不便だったのです。しかし、東日本大震災の経験から道路の重要性が見直され、現在では「復興道路」として、三陸沿岸の縦貫道の整備が急ピッチで進んでいます。「リアスハイウェイ」と呼ばれるこの道路が完成すれば、三陸の観光業は、飛躍をとげることでしょう。そして、それは、港湾事業や漁業の発展にもプラスとなることは、間違いありません。

（橘川武郎）

2017年9月から釜石港で稼働している大型荷役機械ガントリークレーン。道路整備を背景にコンテナ取扱量が増加している

もっと深く探ってほしい

あなたにとって海とはどんな存在ですか。「海なし県」埼玉で生まれ育った私は、遠い存在の海に憧れて海洋人類学者になりました。そして、海の近くで海と共に育った人々をうらやましく思います。

近くにあって当たり前

しかし数年前、大学の授業で学生たちとの対話から、海の近くで生まれ育ったからといって、海について日常的に思いを巡らせたり、地元の海のことを熟知していたりするわけではないことが多いらしい、ということを学びました。静岡県沼津市出身の学生からは、近くにあって当たり前の存在で、海についてはあまり考えたことがないと言われ、横浜出身の学生からは海は背景であり、あまり気にしたことはないと言われて驚愕しました。さらに追い打ちをかけるように、先生（私）は埼玉出身で海が身近にないから常に海を気にして生きているのではないですか、と鋭い指摘を受けました。

知らない、語らない

そこで、三陸の海と共に育った人に聞きたいのです。あなたは海について考えますか、また、どのくらい三陸の海のことを知っていますか。加えて、もう一つ聞きたいです。あなたは海について自分以外の人（家族、友人、学校の先生や同級生など）と対話をしますか。実はあまり三陸の海について知らない、考えない、語らないという人は少なくないのではないでしょうか。そして三陸の海についてよく知っている、考えている、語っているというあなたは、ぜひ更にその興味と対話を深めてほしいと思います。三陸の海にはまだまだ知らないことがたくさんあるはずです。

小学生が作った漁具

例えば、海洋生物に詳しい人もそうでない人も、地元の漁労文化や地魚の食文化について、歴史も含めて調べてみると興味深い新たな発見があると思います。

では、いきなりですが、ここでクイズを出題します。左ページの上の写真はある漁具を写したものですが、三陸のどこの湾で何という海洋生物を獲るためのものだと思いますか。

答えは、釜石湾の毛ガニです。実は、写真の漁具（通称カニカゴ）は釜石市内の小学生が夏休みの自由研究で作成したもので、彼の父親で沿岸漁業を営んでいる方がうれしそうに見せてくれたものでした。自由研究では、実際に「試験操業」も行い、現在は改良作業中とのことでした。
　このカニカゴを見せてくれた父親は、地元の人でも釜石湾で毛ガニが獲（と）れること、そしてそれがとてもおいしいことを知っている人が少ないと嘆いていました。ぜひ、地元の海、地元の魚、地元の漁業について探ってみてはいかがでしょうか。

（高橋五月）

釜石市の小学生が自由研究で制作したカニカゴ。地元の海のことを私たちはどれだけ知っているだろうか（撮影・高橋五月）＝ 2019 年 1 月

釜石まつりの呼び物「曳き船（ひきふね）まつり」で、華やかな大漁旗を掲げて釜石湾内をパレードする漁船。三陸に暮らす人たちにとって海は「古里」そのものだ＝ 2018 年 10 月

森と川と海

すべてつながっている

外国で「日本って、どんな国？」と聞かれたら、みなさんはどう答えますか。私だったら、「海岸線がとても長い国」と答えるでしょう。なぜって、日本の海岸線は世界有数だからです。四方を海に囲まれていることに加え、海外線が非常にジグザクしています。総延長は実に約3万5000キロメートルにも達します。面積でいえば日本の25倍近いアメリカの1.5倍、26倍近い中国の2倍以上です（松本健一『海岸線の歴史』）。

「森は海の恋人」

日本人の生活にとって、海はいつもとても身近なものでした。海岸線が入り組む日本では、山から栄養豊かな水が流れ込み、多くの海産物がとれました。海は人々の暮らしを支えるとともに、海の外にある世界への想像力をかき立てました（外国のことを海外と呼ぶくらいです）。古代の神話を見ても、海の彼方からやってくる客神が多く、海岸とは人間と神の出会う場所でもありました。

宮城県の気仙沼に、畠山重篤さんという牡蠣の養殖家がいます。高度経済成長時代、日本各地で公害が問題になっていた頃、畠山さんも海の変化を感じるようになりました。海の汚れのサインである赤潮が発生するようになっていたのです。畠山さんはどうしたでしょうか。意外なことに、畠山さんは山に向かいました。植林を開始したのです。森を元気にすることが、再び海を豊かにするきっかけになる。そう考えた畠山さんは、「森は海の恋人」という活動を30年以上にわたり続けました。

川が運び続けた養分

2011年の東日本大震災は、畠山さんの住む舞根湾にも甚大な被害をもたらします。畠山さんは、船も養殖施設もすべて失いました。絶望しかかった畠山さんですが、希望が生まれたのは、大学の研究者がきて、湾の調査をしたときだったと言います。「大丈夫、牡蠣のエサになる植物プランクトンがいっぱいだ！」。荒れはてた湾でしたが、森の養分が川によって安定的に供給されていたのです。

畠山さんはのちに、私にこう言いました。「森と海があれば、この国は大丈夫だ」。ただし、自然に恵まれた日本では、何をしなくてもいいというわけではありません。山が荒れれば、土砂が流出してしまいます。豊かな森があってこそ、多くの栄養が海に注がれるのです。せっかくの海岸線もすべてコンクリートで護岸してしまえば、そこに生き物の気配は感じられなくなります。森と川と海を大切に守り、豊かにすることで、はじめて私たちの生活も支えられていくのです。

三陸が最高の例

海に暮らす人々が森を思い、山に生きる人々が海辺の暮らしに配慮する。その支え合いこそが、日本の国土を形成してきました。川によって、山林から海岸まですべてがつながって、一つの文化を生み出してきたのです。三陸はその最高の例です。

幕末に米国の提督(ていとく)ペリーが来航しました。日本を強く、豊かな国にしなければならないと思った日本人は、それ以来、どうも海をもっぱら国防や産業のために考えるようになったのかもしれません。今こそもう一度、海岸線のとても長いこの国の、そしてそれぞれの地域の、ほんとうの豊かさを考え直す時期ではないでしょうか。

（宇野重規）

宮城県気仙沼市の舞根湾に浮かぶカキの養殖棚。森と川と海がつながることで、海の幸を育んでいる（撮影・佐藤克文）

おわりに──次の探検者へ

学校の勉強で、わからないことがあると、不安な気持ちになります。みんながわかっているのに、自分だけがわかってないと、あせったり、泣きたい気分になったりします。

でも、この本を読んだみんなは、わかったはずです。そうです！

「わからんことは、いいことなのです！」

この本を読むまで「研究者はなんでも知っているというイメージがあったかもしれません。でも本当は、地球はまだまだわからないことだらけで、それを楽しんでいるのが、研究者なんです。

もちろん、長いあいだ一人でコツコツと研究を続けてわかったこともあります。いろいろな人の協力で、やっとわかったり、仲間たちの研究によって「そうだったのかっ」と、わかったりします。でも、何かがわかると、そこからまた次の「わからん」が生まれます。そんな、「わからん」の道に突き進むことを『エクスプロレーション（探検）』といいます。

海、なかでも三陸の海は、わからんことの宝庫です。それは、楽しい発見に向かう、無限の探検の可能性でもあります。はてしない魅力を持つ海が身近にあり、さまざまな海の恵みを受けて育ってきた人

たちを、私たちは「すごいなあ」「いいなあ」と、日々感じています。

この本では、岩手県で探検を続ける私たちが、それぞれの専門分野に関する様々な話題やエピソードを紹介しました。ここには、海の近くで暮らしている中学生たちが、海やふるさとのことをもっと好きになってくれれば、という思いが込められています。そして、岩手や三陸はもちろん、日本中の人たちが

「海が好きでよかった」

「もっと海が好きになった」

「海のことをもっと知りたい」

と、ほんの少しでも思ってくれたら、うれしいです。

だとすれば、次の海の探検者は、きっとみなさん自身です。ぜひ、この本を水先案内に出発してみてください。

「希望」を探求する社会科学研究所を中心としたグループは、２００５年から釜石市の方々に応援を頂いています。大気海洋研究所は、１９７３年から大槌町のお世話になっています。こうした地域の皆さんの後押しは、間違いなく私たちの探検の原動力の一部です。改めてお礼を申し上げるとともに、これからも三陸に希望を育む探検にお付き合い頂ければと思います。

（玄田有史）

普代村の大沢橋梁（きょうりょう）を走る
三陸鉄道の車両（撮影・冨手淳氏）

執筆者一覧

■編者

青山　　潤（あおやま・じゅん）東京大学大気海洋研究所 国際沿岸海洋研究センター 教授

玄田　有史（げんだ・ゆうじ）東京大学社会科学研究所 比較現代経済部門 教授

■著者（五十音順）

【東京大学大気海洋研究所】

大土　直哉（おおつち・なおや）国際沿岸海洋研究センター 助教

河村　知彦（かわむら・ともひこ）海洋生物資源部門 教授 *

川上　達也（かわかみ・たつや）国際沿岸海洋研究センター 特任研究員 **

北川　貴士（きたがわ・たかし）国際沿岸海洋研究センター 准教授

佐藤　克文（さとう・かつふみ）海洋生命科学部門 教授 *

白井厚太朗（しらい・こうたろう）海洋化学部門 准教授 *

鈴木　貴悟（すずき・たかのり）国際沿岸海洋研究センター 技術職員

田中　　潔（たなか・きよし）国際沿岸海洋研究センター 准教授

津田　　敦（つだ・あつし）海洋生態系動態部門 教授 *

西部裕一郎（にしべ・ゆういちろう）海洋生態系動態部門 准教授 *

野畑　重教（のばた・しげのり）国際沿岸海洋研究センター 特任助教

早川　　淳（はやかわ・じゅん）国際沿岸海洋研究センター 助教

平野　昌明（ひらの・まさあき）国際沿岸海洋研究センター 技術職員

福岡　拓也（ふくおか・たくや）国際沿岸海洋研究センター 特任研究員

福田　秀樹（ふくだ・ひでき）国際沿岸海洋研究センター 准教授

峰岸　有紀（みねぎし・ゆき）地球表層圏変動研究センター 准教授 *

吉村　健司（よしむら・けんじ）国際沿岸海洋研究センター 特任研究員

*　国際沿岸海洋研究センターと兼務

**　2020 年 6 月より北海道大学水産科学研究院 博士研究員

【東京大学社会科学研究所】

宇野　重規（うの・しげき）比較現代政治部門 教授

中村　尚史（なかむら・なおふみ）比較現代経済部門 教授

【国際大学大学院】

橘川　武郎（きっかわ・たけお）国際経営学研究科 教授 ***

*** 東京大学 名誉教授、一橋大学 名誉教授

【法政大学】

高橋　五月（たかはし・さつき）人間環境学部 教授

●コラムページ著者●

大小島真木（おおこじま・まき）現代アート作家

大竹　喜彦（おおたけ・よしひこ）海と希望の学校 盛岡分校、盛岡市・特養なのりの杜 事務長

大竹　静枝（おおたけ・しずえ）海と希望の学校 盛岡分校、仙台ECO動物海洋専門学校 講師

菅野　祐太（かんの・ゆうた）NPO法人カタリバ、大槌高校教育専門官、カリキュラム開発等専門家

佐々木匡人（ささき・まさと）宮古市立重茂中学校 副校長

■編者／イラストレーター紹介

青山　潤

専門は魚類生態学。世界中のウナギを対象に研究を展開し、産卵場の特定や新種発見などに関わる。アフリカでのウナギ調査を描いた「アフリカにょろり旅」(講談社)で第23回講談社エッセイ賞受賞。その他、「うなドン」「にょろり旅　ザ　ファイナル」(講談社) など執筆活動も展開中。2015年より岩手県遠野市在住。

玄田　有史

専門は労働経済学。ニート（若年無業者）やSNEP（孤立無業者）に関し、警鐘を鳴らしてきた。「仕事のなかの曖昧な不安　- 揺れる若年の現在 -」（中公文庫）で第24回サントリー学芸賞、第45回日経・経済図書文化賞ダブル受賞。「希望のつくり方」（岩波新書）、シリーズ「希望学」「危機対応学」（東大出版会）など。

木下千尋（きのした・ちひろ）

博士（農学）・イラストレーター。2015年より三陸にやってくるウミガメの潜水生理学に関する研究を行う傍ら、生物・教育系書籍や児童書のイラストレーターとしても活動。

さんりく 海の勉強室

2021年4月1日　初版発行
2021年7月22日　第2刷発行

発　行　者　東根千万億
発　行　所　岩手日報社
〒020-8622 岩手県盛岡市内丸3番7号
電話 019-601-4646（コンテンツ事業部　平日9～17時）
オンラインショップ「岩手日報社の本」https://books.iwate-np.co.jp/
企画・編集　青山潤、玄田有史
編集デザイン　渡部寿賀子
写　　　真　福田介人（P 6、7）、太田格（P 19）、山田洋輔（P 53）、交友社（P 78）、足利森（P 89）、山本祐之（P 90、91）、冨手淳（P 98、99）、岩手日報社（P 8、9、69、79、81、93、95）
イ ラ ス ト　きのしたちひろ
グラフィックス　関貴宏（岩手日報社＝P 19、21、27、45、47、49、51、53、61、67、73）
渡部寿賀子（P 13、51、55）、きのしたちひろ（P 39）
印　　　刷　株式会社杜陵印刷

ISBN978-4-87201-539-3 C0040　1300E